Theorie und Wirklichkeit

bei Triebwerken und Bremsen

Von

St. Löffler

München und Berlin
Verlag von R. Oldenbourg
1919

Vorwort.

Alle Naturwissenschaften und auch die Technik verdanken theoretischer Forschung wichtige Fortschritte.

Theorien dürfen aber nicht überschätzt werden. In der Technik sind sie hauptsächlich wertvoll als Mittel zur rechnerischen Zusammenfassung vielseitiger Einflüsse und zur kritischen Gliederung und Ordnung verschiedenartiger Betriebszustände, sowie als Werkzeuge technischer Lehre und Gestaltung.

Nirgends wird die ,Theorie' mehr überschätzt als in der technischen Lehre, und nirgends wird andrerseits der ,Theoretiker' mehr mißachtet als in der praktischen Technik. Das rührt daher, daß sich zwischen Theorie und Praxis vielfach eine große Kluft ausbreitet und die Lehrer theoretischer Technik selten über ausreichende praktische Erfahrungen verfügen.

Dieser Zwiespalt zwischen Theorie und Wirklichkeit zeigt sich besonders scharf auf dem Gebiete der Reibungswirkungen, welche alle Triebwerke und Bremsen und im weiteren Sinne alle technischen Gestaltungen und Betriebe entscheidend beeinflussen.

Ein von mir im Jahre 1912 im gleichen Verlage herausgegebenes Buch: ,Mechanische Triebwerke und Bremsen', durch das die Kraftverhältnisse dieser Maschinenteile geklärt und Grundlagen für die Ausführung richtiger wissenschaftlicher Versuche geschaffen werden sollten, hat bei einigen Theoretikern Anstoß erregt, der aber erst vor kurzem in die Erscheinung getreten ist. Sie haben über den Inhalt des Buchs schriftliche Gutachten verbreitet und dabei theoretische Ansichten geäußert, welche die tiefe Kluft zwischen Theorie und Wirklichkeit nicht nur auf diesem Fachgebiete, sondern in der Technik überhaupt offenbar machen.

Die Widerlegung solcher Anschauungen darf daher allgemeines Interesse beanspruchen.

Charlottenburg, im Juni 1919.

St. Löffler.

Inhalt.

I. Allgemeine Kennzeichnung.

Reibungswirkungen sind von entscheidender Bedeutung beim Bau und Betrieb von Rolltriebwerken und Bremsen. Bei Fuhrwerken, Bahnen, Kraftfahrzeugen aller Art, mechanischen Kraftübertragungen durch Reibungsräder, Riemen, Seile, Zahnräder usw. ist Reibung unvermeidlich, sowohl während der Arbeitsleistung bei bestimmter Betriebsgeschwindigkeit als auch bei der Stillsetzung des Betriebes, die in der Regel mit Hilfe mechanischer Bremsen geschieht.

Man unterscheidet ‚Reibung' im gewöhnlichen Sinne, als Widerstand beim Aneinandervorbeigleiten zweier sich unter Druck berührenden Körper, und ‚rollende Reibung', die beim Abrollen einer Walze oder eines Rades auf ebener oder krummer Bahn zu überwinden ist.

Die Grundgesetze, nach denen die Reibungskräfte berechnet werden, sind zum Teil schon Jahrhunderte alt. Im wesentlichen beruht die Berechnung auf der Erkenntnis, daß der Reibungswiderstand W mit dem Normaldruck K, der beide Körper aneinanderpreßt, proportional zunimmt, so daß

$$W = \mu \,.\, K$$

ist, mit μ als Reibungszahl, welche in der Regel besonders den Stoff der beiden Reibkörper kennzeichnet.

Man kennt Reibungszahlen für Eisen auf Eisen, für Holz auf Eisen, für Leder auf Holz usw., die durch Versuche einfachster Art bestimmt worden sind und aus Lehrbüchern und technischen Handbüchern entnommen werden.

Der Rollwiderstand wird in der Regel als Widerstandsmoment M_f an jeder Rolle oder Walze gewertet, das ebenfalls proportional dem Anpressungsdruck K zunimmt, so daß

$$M_f = f \,.\, K$$

ist, mit f als Hebelarm der rollenden Reibung oder als ‚Wälzarm', der vor allem von der Beschaffenheit der beiden Rollkörper abhängt. Auch der Wälzarm f ist durch einfache Versuche vielfach bestimmt worden.

Über das Wesen der Reibungswiderstände ist viel geschrieben worden, aber die wissenschaftliche Erkenntnis ist über die einfachsten Grundgesetze nicht hinausgekommen, trotzdem man im Laufe der Zeit zu der Einsicht gelangte, daß die Reibungswirkungen außer von der materiellen Beschaffenheit der beiden Reibkörper von zahlreichen anderen Faktoren beeinflußt werden.

Man wußte, daß die Oberflächenbeschaffenheit von wesentlicher Bedeutung ist, besonders der Schmierzustand, der zur Unterscheidung von ‚trockner' und ‚Flüssigkeitsreibung' führte, welch letztere zum Teil von anderen Faktoren beeinflußt wird. Hier soll hauptsächlich von trockner Reibung die Rede sein, die bei Bremsen und Rolltriebwerken maßgebend ist.

Auch den Einfluß des Bewegungszustandes erkannte man frühzeitig. Die ‚Reibung der Ruhe' zu Beginn der Gleitbewegung ergab sich bei praktischen Reibungswirkungen stets größer als die ‚Reibung der Bewegung' (vergl. ‚Hütte' 1915 S. 244).

Für die Berechnung der Triebwerke und Bremsen ist die Kenntnis der maßgebenden Reibungszahlen μ von größter Bedeutung. Vergleicht man Reibungszahlen für zwei Reibkörper von bestimmter Materialbeschaffenheit, so findet man in den Lehr- und Handbüchern die verschiedenartigsten Werte, die oft um ein Vielfaches voneinander abweichen.

Der gestaltende Ingenieur, der beispielsweise die Aufgabe hat, eine Bremseinrichtung für ein Hebezeug oder eine Fördermaschine zu konstruieren, hat nun die verantwortlich richtige Wahl zu treffen. Wählt er eine zu große Reibungszahl, dann errechnet sich eine zu kleine Bremskraft K, die Bremswirkung wird unzureichend und es können gefährliche Folgen entstehen. Hat der Ingenieur die Reibungszahl zu klein angenommen, wozu er aus Sicherheitsgründen leicht geneigt ist, dann wird die Bremswirkung bei der berechneten großen Bremskraft unter Umständen zu heftig und Risse und Brüche können die Folge sein.

In beiden Fällen verfällt der Ingenieur möglicherweise den Gerichten, die ihn wegen der eingetretenen gefährlichen Folgen zur Rechenschaft ziehen.

Die Ursache für diese Unsicherheit liegt in mangelhafter Erkenntnis der maßgebenden Einflüsse und in unzureichenden Versuchen, deren Ergebnisse falsch gedeutet und unzulässig verallgemeinert werden.

Bisher sind richtige Betriebsversuche auf wissenschaftlicher Grundlage an praktisch brauchbaren Reibungstrieben und Bremsen überhaupt noch nicht ausgeführt worden. Meistens waren es Kleinversuche an bloßen Apparaten, ausgeführt mit kleinen Reibkörpern, die auf einer schiefen Ebene zum Abgleiten gebracht wurden; die Ergebnisse solcher Versuche sollen aber die Grundlage bilden für den Bau praktisch brauchbarer Triebwerke und Bremsen, oft von ganz gewaltigen Abmessungen!

Die in Lehr- und Handbüchern angegebenen Reibungszahlen sind meistens nur durch die Materialbeschaffenheit der beiden Reibkörper gekennzeichnet. Es fehlen nähere Angaben über die Art der Versuche, aus denen die Reibungszahlen gewonnen wurden, es fehlen Angaben über die Abmessungen der Versuchskörper, ihre Bauart, über die Kraftwirkungen usw.

Der gestaltende Ingenieur, der schwere Verantwortung zu tragen hat, wird dann vielfach in eine schlimme Zwangslage gebracht. Oft sind jahrelange und schmerzliche Erfahrungen erforderlich, um eine zutreffende Wahl der maßgebenden Reibungszahl zu treffen.

II. Neue Erkenntnisse.

Im Jahre 1912 habe ich im Verlage von R. Oldenbourg in München ein Buch ‚Mechanische Triebwerke und Bremsen' herausgegeben, worin ich auf die unhaltbaren und unsicheren Rechnungsgrundlagen der Reibungswirkungen aufmerksam machte und zeigte, daß zur Beurteilung von Reibungswirkungen vor allem die Formänderungen an der Berührungsfläche der beiden Reibkörper und im Zusammenhange damit ihre elastischen Eigenschaften und die Verteilung der elementaren Auflagedrücke an der Berührungsfläche maßgebend sind.

Es ist daher auch die Form der Berührungsfläche, ob eben oder krumm, die Größe der Berührungsfläche, die Art der Kraftwirkungen, die Nachgiebigkeit der Reibkörper usw. von wesentlichem Einflusse.

Auf dieser Grundlage habe ich zunächst die Kraftverhältnisse bei den praktisch wichtigen Backen- und Bandbremsen untersucht und neue Rechnungsunterlagen gewonnen. Es hat sich erwiesen, daß für die Beurteilung der Kraftverhältnisse die Bauart und die Abmessungen der Bremse wesentlich sind. Bei Backenbremsen spielt die Größe des Bremsklotzes im Vergleich zum Durchmesser der Bremsscheibe, die Art der Anlenkung des Bremshebels und die Kraftwirkung an der Drehachse von Hebel und Scheibe eine wichtige Rolle.

Bei Bandbremsen ist der Einfluß der Bremsbanddicke auf die Verteilung der Bandkräfte untersucht und nachgewiesen, daß das resultierende Reibungsmoment an der Bremsscheibe stets gleich ist dem Produkt aus der Differenz der resultierenden Bandspannungen $T-t$ und dem Radius r der Bremsscheibenauflagefläche des Bandes.

Die Bremswellen erfahren oft unzulässig hohe Beanspruchungen, die manchmal zu schweren Betriebsstörungen und Brüchen geführt haben. Die Ursache dieser Erscheinungen ist durch die Berechnung der aus den Bremskräften sich ergebenden Kraftwirkungen der Wellen aufgeklärt. Es ist gezeigt, daß die Bandbremsen mit durch Klötze armierten Bändern bisher unrichtig berechnet worden sind, und daß die Klotzstärke unter Umständen einen erheblichen Einfluß auf die Reibungswirkungen hat. Es ist nachgewiesen, daß bei der Ausführung von Versuchen auf die maßgebenden Einflüsse gebührende Rücksicht genommen werden muß, und daß die Ergebnisse von Versuchen nur für die besonderen Betriebsverhältnisse gelten, aber nicht verallgemeinert werden dürfen, wie dies vielfach, besonders bei Reibungsversuchen, geschehen ist. Reibungszahlen, die aus Versuchen mit Backenbremsen gewonnen sind, dürfen daher nicht ohne weiteres zur Berechnung von Bandbremsen benutzt werden und umgekehrt.

Für die Beurteilung der Reibungswirkungen sind praktische Einzelheiten, wie der Bearbeitungszustand der Reibflächen, ihre Veränderung im Betriebe, die Abnutzungsverhältnisse, von entscheidender Bedeutung. Es ist unzulässig, derartige Einflüsse bei Versuchen auszuscheiden und Reibungsversuche, bei denen durch besondere Beschaffenheit und Gestaltung der Reibkörper und durch besondere Behandlung der Berührungsflächen die praktischen Grundlagen der Reibungswirkungen zum Teil oder ganz ausgeschaltet werden, als maßgebend für die Berechnung und den Bau von Reibtrieben anzusehen.

Die Wirklichkeit allein ist maßgebend, mit ihren zahlreichen und meistens veränderlichen Einflüssen. Nur wissenschaftliche Großversuche an wirklichen Reibungstrieben und Bremsen können zuverlässigen Aufschluß geben, nicht Kleinversuche, wie sie von Physikern ausgeführt worden sind, z. B. die Versuche von Fräulein Jakob, über die Professor Kaufmann (Königsberg) in der Physikalischen Zeitschrift (1910, S. 985) berichtet hat. (Vgl. S. 11.)

Diese Versuche sind in dem Buche von Riedler ‚Wirklichkeitsblinde in Wissenschaft und Technik'*) näher gekennzeichnet. Hier sei nur hervorgehoben, daß nach ihnen, allerdings unter ganz besonderen Verhältnissen, die mit praktischen Reibungswirkungen nichts zu tun haben, die ‚Reibung der Ruhe' nahezu Null ist und die Reibung mit der Geschwindigkeit zunimmt.

Von einseitigen Ingenieur-Theoretikern ohne praktische Erfahrung wird diesen physikalischen Sonderversuchen eine grundlegende Bedeutung zugesprochen und darauf die Ansicht gestützt, daß die jahrhundertalte Erkenntnis, nach der die Reibung der Ruhe größer ist als die der Bewegung, unrichtig sei. Alle technischen Untersuchungen, die diese Erkenntnis bestätigen, müßten daher falsch sein. (Vgl. die Ausführungen zum Aufsatz von Prof. Jahn in der Zeitschrift des Vereins deutscher Ingenieure Jahrgang 1918, S. 339 und 651.)

Auch die in meinem Buche durchgeführten Reibungsuntersuchungen werden von einem Ingenieur-Theoretiker, dem Professor der Mechanik an der Technischen Hochschule Berlin Geh. Regierungsrat Dr. Eugen Meyer, unter Berufung auf die Versuche des Fräuleins Jakob angegriffen und dabei Anschauungen ausgesprochen, die jede praktische Erfahrung vermissen lassen (vgl. Abschnitt IV, S. 10 u. f.).

Ähnlich unsicher sind die bisherigen Erkenntnisse auf dem Gebiete der Rolltriebwerke. Ich habe deshalb versucht, die Kraftverhältnisse solcher Triebwerke dadurch zu klären, daß ich auch die Rollverluste im wesentlichen auf die Formänderungen an der Berührungsfläche der beiden Rollkörper zurückführe.

Dadurch sind Reibungs- und Rollverluste aus gleichen Ursachen hergeleitet und werden auf einheitlicher Grundlage wertbar, wobei aber zwischen Rollwirkung und Gleitreibung streng zu unterscheiden ist.

*) Verlag von Julius Springer, Berlin, 1919.

Bei der Kraftübertragung eines Rolltriebwerks sind die tangentialen Formveränderungen an der Berührungsstelle der beiden Rollkörper in der Regel wesentlich kleiner als bei der Gleitreibungswirkung, die den Grenzzustand des Rollens überschreitet, bei dem die tangentialen Formveränderungen der Oberflächenunebenheiten an der Berührungsstelle so groß geworden sind, daß der eine Rollkörper an dem stillstehenden andern Rollkörper vorbeigleiten kann.

Der Gleitreibungsverlust ist daher meistens ein Vielfaches des Rollverlustes, der ebenfalls vor allem von der Größe des Normaldrucks K abhängt und, wie der Gleitreibungsverlust, ungefähr proportional diesem Drucke K wächst.

Wie schon hervorgehoben wurde, wird der Rollverlust als widerstehendes Drehmoment $M_f = K \cdot f$ an jeder Rolle gewertet. Es ist abei zu beachten, daß das Formänderungsmoment M_f kein wirkliches statisches Drehmoment des Normaldrucks K ist, denn dieser meist axial wirkende Druck kann keine unmittelbare Drehung bewirken.

Das Moment M_f wird nur zur Wertung der Formänderungsverluste im Sinne eines Verlustmoments in die statische Momentengleichung eingefügt und nur, wo dies ohne Widerspruch gegen die statischen Gleichgewichtsbedingungen der Kräfte möglich ist.

Ich konnte auf dieser Grundlage die Kraftverhältnisse der wichtigsten Rolltriebwerke in meinem Buche untersuchen und zu neuen Erkenntnissen gslangen.

Es wurde der Unterschied in den Kraftwirkungen der Triebräder und der gezogenen oder geschobenen Räder eines Kraftfahrzeugs erläutert, die Bedingungen für die Untersuchung solcher Fahrzeuge auf Rollprüfständen ermittelt und nachgewiesen, daß die an der treibenden Riemenscheibe eines Riementriebs aufzuwendende Umfangskraft P nicht gleich ist dem Unterschiede der Riemenspannungen $T-t$, sondern daß die Riemenverluste, sowie die elastischen Verhältnisse zu berücksichtigen sind. Bei einem Wirkungsgrad η des Riementriebes gilt mit genügender Annäherung an die Wirklichkeit die Beziehung: $\frac{T-t}{\eta} = P$.

Die in der Literatur allgemein verbreitete Beziehung für das Spannungsverhältnis beim Riementrieb: $\frac{T}{t} = e^{\mu\varphi}$ gilt nicht für den ordnungsmäßigen Betriebszustand des Riementriebes, sondern nur für einen Grenzzustand, bei dem die treibende Riemenscheibe unter dem Riemen hinweggleitet (Bandbremse).

Maßgebend für das Spannungsverhältnis ist vielmehr die Beziehung $\frac{T}{t} = e^{\zeta\varphi}$, wobei ζ eine Erfahrungsgröße ist, die sich vom Leerlauf bis zur Vollbelastung ändert, für einen bestimmten Belastungszustand aber als eine über den ganzen Umschlingungswinkel φ des Riemens hin konstante Größe angesehen werden kann, ähnlich wie die Reibungszahl μ bei einer Bandbremse.

Die Kraftverhältnisse von Zahntrieben wurden unter Berücksichtigung der Wälz- und der Gleitreibungsverluste untersucht, und es konnte gezeigt werden, daß die Kraftwirkungen sich während des Zahneingriffs stark verändern und hierauf die eigenartigen Abnutzungserscheinungen der Zahnflanken zurückzuführen sind.

Wesentlich ist, daß die in Lehr- und Handbüchern angegebenen Werte für den Wälzarm f nicht ohne weiteres zur Berechnung benutzt werden können, wenn in diesem Erfahrungswert nicht alle maßgebenden Einflüsse auf Grund wissenschaftlicher Betriebsversuche an wirklichen Rolltriebswerken berücksichtigt sind. Solche Versuche fehlen bisher, daher beruhen die Rechnungsgrundlagen auf unzureichenden Erfahrungswerten, und unzuverlässige, mit der Wirklichkeit nicht übereinstimmende Ergebnisse sind die Folge.

Bei den meisten Rolltriebwerken sind aber die Verluste in der Regel nur klein; sie überschreiten selten 5 %, so daß Fehler keine entscheidende Bedeutung haben. Viel schwerwiegender ist die Unsicherheit der Werte für die Reibungszahl μ, die unter Umständen gefährliche Folgen für den gestaltenden Ingenieur haben kann.

III. Folgerungen.

Die gekennzeichneten unsicheren Zustände sind den erfahrenen Fachleuten seit langem bekannt. Es sind auch wiederholt Versuche angeregt und durchgeführt worden, sie haben aber keine Abhilfe gebracht, weil sie zumeist mit unzureichenden Mitteln ins Werk gesetzt wurden. So die vom Verein deutscher

Ingenieure unterstützten Versuche des Professors Klein in Hannover. Er hat Reibungszahlen μ für Holz auf Eisen, die auch zur Berechnung von Bergwerksfördermaschinenbremsen dienen sollten, durch Versuche mit einer kleinen Bremsscheibe von 300 mm Durchmesser und Bremsbacken von ungefähr 30 mm Auflagelänge bestimmt (vgl. Heft 10 der Forschungsarbeiten des Vereins deutscher Ingenieure).

Derartige Versuche haben nur wenig Wert und sind unter Umständen geradezu irreführend, wenn nämlich die aus ihnen gewonnenen Reibungszahlen von jungen Ingenieuren oder einseitigen Theoretikern ohne ausreichende Erfahrung verwendet werden (vgl. auch S. 94).

Besonders kennzeichnend für die einseitige und unrichtige Beurteilung technisch-wissenschaftlicher Arbeiten durch Ingenieur-Theoretiker ist die Deutung der schon genannten Reibungsversuche des Fräuleins Jakob.

Diese Versuche mögen vom rein physikalischen Standpunkt Berechtigung haben, schlimm ist nur, daß wissenschaftlich gebildete Ingenieure ihren Ergebnissen praktische Bedeutung beilegen und Folgerungen daraus ziehen, die allen praktischen Erfahrungen widersprechen; sie übersehen vollständig, daß bei diesen Versuchen alle wesentlichen Einflüsse der Reibungswirkungen ausgeschaltet waren.

Solchen einseitigen Ingenieur-Theoretikern fehlt die notwendige praktische Erfahrung, ohne die eine richtige Beurteilung technisch-wissenschaftlicher Arbeiten und Versuche unmöglich ist. Sie sind gewohnt, alles streng exakt zu rechnen. Dabei bedienen sie sich zumeist rein statischer Methoden, die Kraftwirkungen an starren Körpern voraussetzen, ohne Beachtung der Formänderungen und der Verluste. Wenn dann die wirklichen Verhältnisse ihren Rechnungen nicht entsprechen, dann wird die Schuld nicht etwa den falschen Rechnungsgrundlagen oder den unrichtig bestimmten Koeffizienten beigelegt, sondern der Fehler wird ganz wo anders gesucht, meistens in ungenauer Messung, oder es werden die Tatsachen der Wirklichkeit selbst angezweifelt.

Daß die Voraussetzungen, unter denen ihre Rechnungsformeln allein gültig sind, für den in Betracht kommenden Betriebszustand nicht zutreffen, kommt ihnen nicht in den Sinn.

Die Arbeiten anderer beurteilen solche Ingenieur-Theoretiker nur nach den ihnen bekannten und geläufigen Rechnungen und Formeln, und zeigen diese Arbeiten, daß überlieferte Anschauungen nicht richtig sind, daß die alten Rechnungen nicht mehr stimmen, dann verteidigen sie ihren alten Besitz mit allen Kräften, denn sonst müßten sie ja zugeben, daß sie selbst nicht fähig waren, das Unrichtige zu erkennen und neue Erkenntnis zu schaffen.

Mein Buch hat nach seinem Erscheinen bei erfahrenen Fachleuten Anerkennung gefunden. Ein bekannter, wissenschaftlich geschulter Ingenieur, der sich insbesondere mit der Konstruktion von Bremsen beschäftigt, hat nach dem Studium meines Buches beim Verein deutscher Ingenieure den Antrag gestellt, die von mir dringend für notwendig erklärten wissenschaftlichen Betriebsversuche zur Gewinnung brauchbarer Reibungszahlen ausführen zu lassen.

Die Vereinsleitung hat auf diesen Antrag hin einen erfahrenen Hochschullehrer mit der Aufstellung eines Kostenvoranschlages betraut. Da sich die Kosten, wie nicht anders zu erwarten war, als ziemlich hoch erwiesen, ist die Ausführung der Versuche leider unterblieben.

Nunmehr aber, nachdem das Buch über sechs Jahre in der Öffentlichkeit bekannt ist, greifen Theoretiker unter Führung des Herrn Professors Meyer die neuen Erkenntnisse heftig an, sie bekritteln die Rechnungen und Formeln des Buchs, weil sie angeblich den Ergebnissen der Forschung (siehe die Versuche des Fräuleins Jakob) und Grundsätzen der Mechanik nicht entsprechen.

Sie deuten in die Bilder meines Buchs falsche Zusammenhänge hinein und verkennen die Einflüsse praktischer Betriebsbedingungen, was allerdings nicht verwunderlich ist, weil sie nicht nur auf diesem Sondergebiet der Reibungstriebe, sondern zumeist gar keine praktischen Erfahrungen besitzen. Ihre Arbeiten und Rechnungen sind nie durch schwere Verantwortung belastet worden, wie sie der gestaltende Ingenieur im praktischen Leben ständig zu tragen hat. Sie haben daher auch die Folgen falscher oder einseitiger theoretischer Überlegung nie am eigenen Leibe gespürt.

Mangels eigener Anschauung und praktischer Erfahrung

werden alte Theorien von ihnen ausgegraben, wie die längst vergessene, auf unzureichende und unrichtig gedeutete Rollversuche des englischen Physikers Reynolds beruhende Riementheorie von Grashof, die allen praktischen Erfahrungen widerspricht; sie zweifeln die rechnerischen Untersuchungen meines Buches an, ohne aber die gewonnenen neuen Erkenntnisse im geringsten widerlegen zu können.

Es wird nicht sachlich untersucht und nirgends wird gezeigt, wie es besser gemacht werden könnte, oder wie die Rechnungen durchzuführen wären, damit die Ergebnisse nicht nur den praktischen Erfahrungen und der Wirklichkeit, sondern auch den überlieferten Grundsätzen und Formeln entsprechen. Es wird zu persönlichen Angriffsmitteln gegriffen, nirgends aber wird angedeutet, worin die bessere Erkenntnis bestehe.

Solchem Streben muß entgegengetreten werden. Das ist nur möglich, wenn die Angelegenheit den Sachkundigen und Erfahrenen zur Beurteilung vorgelegt wird.

Aus diesem Grunde ist im folgenden die ‚gutachtliche' Besprechung meines Buchs durch Ingenieur-Theoretiker widerlegt, und daran sind die nötigen sachlichen Erläuterungen angeschlossen.

IV. Abwehr einseitiger Theorie und Kritik.

Herr Geheimer Regierungsrat Professor Dr. Eugen Meyer hat sich seit 1912 über mein Buch ‚Mechanische Triebwerke und Bremsen' mehrfach abfällig geäußert, ohne Gründe oder Einzelheiten anzugeben, und hat im Juni 1918 ein schriftliches Gutachten darüber verbreitet, dessen Inhalt ich nur durch Herrn Geheimrat Riedler erfahren habe.

Das Meyersche Gutachten ist im folgenden absatzweise wiedergegeben. Die Absätze geben hintereinander den vollständigen Wortlaut des Gutachtens, das keine Gliederung enthält. Die Widerlegungen sind diesen Absätzen angefügt. Die vielen persönlichen Bemerkungen und Angriffe des Herrn Meyer bleiben unbeachtet.

1. Reibungsvorgänge und physikalische Versuche.

Herr Meyer beginnt sein Gutachten wie folgt:

Abs. 1:

In seinem Buche »Mechanische Triebwerke und Bremsen«, Berlin und München 1912, faßt Dr. St. Löffler alle Widerstände, die bei der Kraftübertragung von einem Körper auf einen anderen entstehen, als Formänderungswiderstände auf. Nach seiner Annahme greifen die Körper mit mikroskopisch kleinen Oberflächenzähnen ineinander (S. 4). Wälzen sich zwei Körper ohne sichtbares Gleiten aufeinander ab, so werden an diesen Oberflächenzähnen »Zahnkräfte« Z tangential zur Oberfläche hervorgerufen, welche die Bewegungsübertragung vermitteln. Ein Gleiten und damit Reibungswiderstände im eigentlichen Sinne werden erst dann hervorgerufen, wenn durch entsprechend große Zahnkräfte die mikroskopisch kleinen Oberflächenzähne so weit abgebogen werden, daß die Zähne des einen Körpers über diejenigen des anderen hinweggleiten (S. 6). Die Formänderungsarbeit zum Verbiegen dieser Oberflächenzähne bedingt bei festen Körpern den Reibungswiderstand (S. 103—105). In seinen Rechnungen berücksichtigt der Verfasser den Gleitwiderstand in der üblichen Weise durch den Reibungskoeffizienten μ, den Rollwiderstand, der beim reinen Wälzen entsteht, durch Einführung eines dem bewegenden Moment entgegenwirkenden »Formänderungsmomentes«, gegeben durch die Auflagekraft K mal einem Hebelarm f, den er den »Wälzarm« nennt.

Die Bilder, die sich so der Verfasser von den Bewegungswiderständen beim Rollen und Gleiten macht, sind äußerst primitiv und oberflächlich, sie stehen vielfach im Widerspruch mit den Anschauungen und Ergebnissen der physikalisch-technischen Forschung. Den Unterschied zwischen der sog. »Reibung der Ruhe« und der »Reibung der Bewegung« erklärt z. B. der Verfasser folgendermaßen (S. 103): »Damit der Körper 1 (Abb. 85), auf den die Kraft K wirkt, an dem festgehaltenen Körper 2 vorbeigeschoben werden kann, müssen zunächst die Oberflächenzähne an beiden Körpern abgebogen oder zum Teil weggebrochen werden (Reibung der Ruhe), bei weiterer Bewegung brauchen aber nur die kleinen Zähne am Körper 2 abgebogen zu werden, so daß dann eine kleinere Kraft zur Überwindung des Widerstandes erforderlich ist (Reibung der Bewegung)«. Man vergleiche mit dieser Anschauung das von Professor W. Kaufmann, Königsberg, im Jahre 1910 mitgeteilte Ergebnis der in seinem Institut von Jakob ausgeführten Versuche (Physikalische Zeitschrift 1910, S. 985), nach denen bei Messing- und Glaskörpern der größere Betrag der Reibung der Ruhe nur Unreinigkeiten zwischen den Berührungsflächen zuzuschreiben war; wurden diese Unreinigkeiten sorgfältig beseitigt, so war die Reibung der Ruhe sehr viel kleiner als die der Bewegung, ja nahezu gleich Null.

Widerlegung zu Abs. 1:

Die in meinem Buche gegebenen Erläuterungen über ‚Reibung der Ruhe' und ‚Reibung der Bewegung' werden durch die rein physikalischen Versuche des Fräuleins Jakob nicht berührt, denn die Versuchsgrundlagen widersprechen der Wirklichkeit praktischer Reibungszustände, und die Voraussetzungen, unter denen die Ergebnisse der Jakobschen Versuche allein Geltung besitzen, lassen sich bei praktischen Reibungstrieben nie verwirklichen.

Die Versuche des Fräuleins Jakob wurden mit sehr glatten Messing- und Glasplättchen von winziger Gleitfläche unter dem Rezipienten einer Luftpumpe ausgeführt, und die Luft zwischen den aneinandergleitenden Körpern, sowie alle Verunreinigungen an den Gleitflächen wurden sorgfältig entfernt.

Man hat somit zu Beginn des Gleitens nahezu die Kraftverhältnisse von theoretisch glatten Körpern, daher ist auch die sogenannte Reibung der Ruhe fast Null. Weil sich bei fortschreitender Bewegung die Gleitflächen etwas abnutzen, nimmt der Reibungswiderstand zu. Bei den an und für sich sehr kleinen Reibkräften genügen schon sehr geringfügige Abnutzungen zur Erhöhung der Reibwirkungen bei der Bewegung.

Die Ergebnisse der Jakobschen Arbeit dürfen nur unter vollster Berücksichtigung der ganz eigenartigen Versuchsgrundlagen beurteilt werden. Sie haben keine Geltung für praktische Reibungstriebe. (Vgl. hierzu die Bemerkungen in der Z. d. V. d. I. Jahrg. 1918 S. 655 zu einer Arbeit von Professor Jahn in Danzig.)

Die Schlußfolgerungen, die Herr Meyer aus den Jakobschen Versuchen zieht, sind daher unzulässig, und seine Behauptung, daß die in meinem Buche zur Erläuterung der Reibungswirkungen benutzten Bilder vielfach ‚in Widerspruch stehen mit den Anschauungen und Ergebnissen der physikalisch-technischen Forschung' ist unzutreffend.

2. Wälzarm und Rollwirkung. Versuche von Reynolds.

Abs. 2 des Meyerschen Gutachtens:

Des Verfassers »Wälzarm« zur Bestimmung des Rollwiderstandes ist da, wo er richtig eingeführt ist, nichts anderes als der Koeffizient der rollenden Reibung in der technischen Literatur, und seine Erklärung auf S. 10 und 11 (Abb. 17), warum beim Abwälzen zweier Körper aufeinander ein Verlust an Formänderungsarbeit entsteht und wieso dadurch die Auflagekraft K um den Hebelarm f verschoben wird, ist genau so in der technischen Literatur enthalten (vgl. Keck, Mechanik I, Hannover 1900, S. 251—254). Während aber der Verfasser ausdrücklich betont, daß mit dem reinen Wälzen ein Gleitvorgang nicht verknüpft sein könne (S. 10), ist schon im Jahre 1875 durch die Untersuchungen von Reynolds (die z. B. in Grashof, Theor. Maschinenlehre II, 1883, S. 292—298 ausführlich und in Keck a. a. O. kurz wiedergegeben sind) die nach einiger Überlegung eigentlich selbstverständliche Tatsache einwandfrei nachgewiesen, daß infolge verschieden großer Formänderung von Rolle und Rollbahn an der Berührungsstelle gewisse Oberflächenteile der Rolle an solchen der Rollbahn vorbeigleiten müssen, und daß somit bei elastischen Körpern der Rollwiderstand hauptsächlich auf Arbeitsverluste infolge Gleitreibung zurückzuführen ist. Diese Gleitverluste werden besonders groß für Rollen aus weichem Material (vgl. die Reynoldsschen Versuche mit Kautschuk). Dem Verfasser hätte es besonders naheliegen müssen, diese Umstände zu berücksichtigen, da er mehrfach auf Versuche mit Kraftwagenrädern Bezug nimmt. Von den grundlegenden Anschauungen und Versuchen Reynolds', die ausdrücklich zur Aufklärung über das Wesen der rollenden Reibung angestellt wurden, und von der daraus gewonnenen tiefen Einsicht scheint aber der Verfasser, der sich im Vorwort darüber beklagt, daß man Bestimmtes über das Wesen und die Ursache dieser Widerstände nicht weiß, keine Ahnung zu haben, sonst hätte er nicht den oberflächlichen Satz schreiben können (S. 10): »Solange die durch die Zahnkraft Z hervorgerufenen Formänderungen nicht so groß werden, daß die Zähne des einen Körpers über die Zähne des anderen hinweggleiten, liegt reines Abwälzen ohne Gleiten vor.«

Zudem verstößt er bei der Rechnung mit seinem »Wälzarm« häufig (s. die Abb. 7, 16, 26—28, 66, 67 in Verbindung mit 69 usw.) gegen das Grundgesetz der Mechanik von Wirkung und Gegenwirkung, indem er, wenn es ihm gerade in die Rechnung nicht anders paßt, die Gegenkraft (K bzw. dK) um einen endlichen Hebelarm ($2f$ bzw. f) gegen die Kraft verschiebt.

Widerlegung zu Abs. 2:

An keiner Stelle meines Buches ist gesagt, daß der die Rollwirkung kennzeichnende Begriff ‚Wälzarm' von mir erstmalig benutzt sei. Er hat aber durch mich eine erweiterte Bedeutung erhalten, wodurch sich der richtige Zusammenhang auch mit den tangentialen Formänderungen an der Berührungsfläche der Rollkörper ergibt (S. 3—12 meines Buches). Dadurch konnte ich zwei grundsätzlich verschiedene Arten des Wälzens unterscheiden:

a) tangential gerichtetes Abwälzen, wie bei den üblichen Rolltrieben, und
b) normal gerichtetes, wie bei Zahntrieben, Wälzhebeln, Kurvensteuerungen.

Auf diese Verschiedenheit der Rollwirkungen ist bisher in der Literatur nirgends hingewiesen, sie ist aber wichtig zur richtigen Beurteilung der Kraftverhältnisse bei Rolltrieben.

Das Produkt aus der resultierenden Auflagekraft K und dem Wälzarm f ist das Formänderungsmoment $M_f = Kf$, das als Widerstandsmoment sämtliche Formänderungsverluste der Rollkörper werten soll.

Ich habe versucht, durch Einführung des Formänderungsmoments in die statischen Gleichgewichtsbedingungen der Kraftwirkungen von Rolltrieben die Formänderungsverluste zu werten und damit die Kraftverhältnisse richtig darzustellen.

Bild 1 entspricht den Abb. 9 und 17 meines Buchs mit der in der Literatur üblichen Darstellung des Rollmoments durch seitliches Verschieben der resultierenden Gegenkraft K an der Berührungsstelle der Rollkörper um den Wälzarm f.

Ich hätte auch die in Bild 2 angegebene Art der Darstellung des Formänderungsmoments $M_f = Kf$ mittels eines Momentpfeils wählen können, wobei die Gegenkraft K an der Berührungsstelle, wie es in Wirklichkeit der Fall sein muß, der Richtung

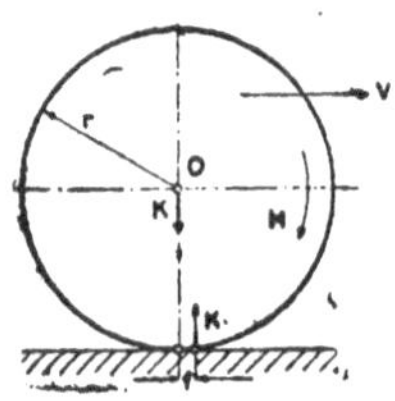

Bild 1.

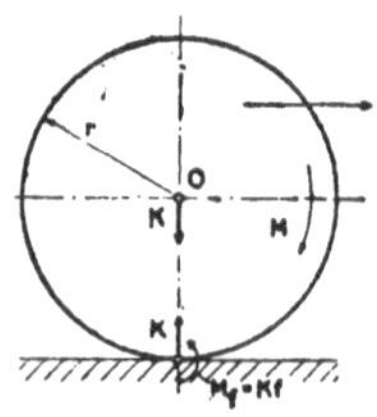

Bild 2.

nach mit der resultierenden Belastung K zusammenfällt (vgl. hierzu die Darstellung im Taschenbuch ‚Hütte', 22. Auflage, S. 245); doch habe ich in allen Bildern die übliche Art der Darstellung des Formänderungsmoments (Bild 4) vorgezogen. (Vgl. hierzu die Ausführungen S. 61 u. f.)

Dabei habe ich aber die Verschiebung der Gegenkraft K an der Berührungsstelle der Rollkörper um den Wälzarm f nicht beliebig vorgenommen oder, wie sich Herr Meyer ausdrückt, je nachdem wie es mir gerade in die Rechnung paßte, sondern in ganz bestimmter gesetzmäßiger Weise. Auf S. 5, 8 und 13 meines Buches ist gesagt, daß die Verschiebung um den Wälzarm f so geschehen muß, daß das dadurch gekennzeichnete Formänderungsmoment Kf als ein Widerstandsmoment dem Momente der treibenden Kraft entgegenwirkt.

Als Beispiel für diese Vorschrift diene Bild 3, das der Abb. 7 S. 5 und Abb. 28 S. 25 meines Buches entspricht. Ich hätte auch hier die Formänderungsmomente der beiden Rollkörper, wie es in Bild 4 geschieht, durch Momentpfeile bezeichnen können, ohne daß die Rechnungsergebnisse geändert würden. Die wirkliche Lage der Kräfte K an der Berührungsstelle der beiden Walzen ist durch Bild 4 gegeben. Die in Bild 3 dargestellte Lage der Auflagekräfte K dient nur zur Kennzeichnung des Formänderungsmoments $M_f = Kf$ für jede Walze. Mit dem Wechselwirkungsgesetz hat diese Darstellung nichts zu tun; das Formänderungsmoment Kf ist kein statisches Moment der Kraft K, es dient nur zur Summenwertung der Formänderungsverluste in den statischen Gleichgewichtsbedingungen.

Die Behauptung des Herrn Meyer, daß ich bei der Rechnung mit dem Wälzarm nach den Abb. 7, 16, 26—28, 66, 67

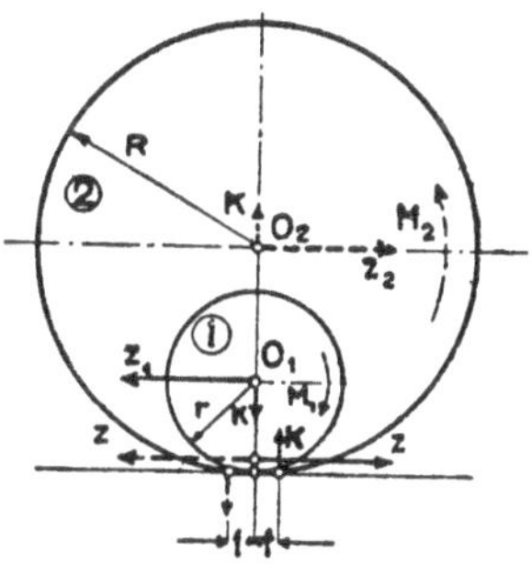

Bild 3.

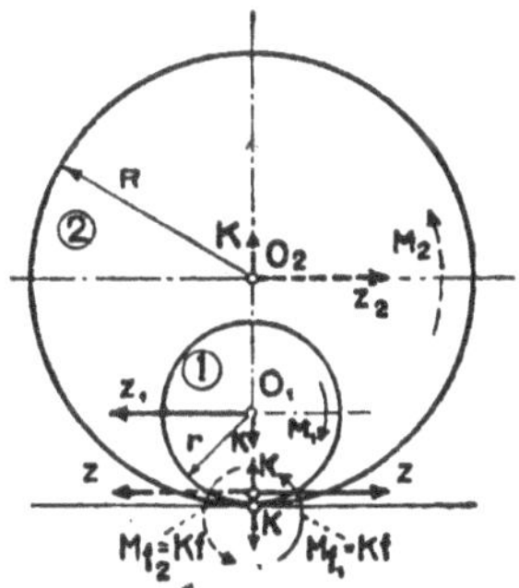

Bild 4.

in Verbindung mit 69 usw. gegen das Grundgesetz der Mechanik von Wirkung und Gegenwirkung verstoße, ist daher vollständig unzutreffend. (Vgl. hierzu die Bemerkungen auf S. 69.) Für seine Behauptung unterläßt Herr Meyer jeden Nachweis.

Die Versuche von Reynolds sind jedem Fachmanne bekannt. Sie sind aber nicht ausreichend, die Kraftverhältnisse bei Rolltrieben richtig darzustellen und rechnerisch zu verfolgen. Keinesfalls ist durch die Reynoldsschen Versuche der Nachweis erbracht, daß an der Berührungsstelle ein tangentiales Gleiten eintreten muß wegen verschieden großer Formänderungen der beiden Rollkörper, während gleichzeitig sichere tangentiale Kraftübertragung erfolgt.

Zunächst muß dagegen angeführt werden, daß beim Abrollen zweier gleichartigen Rollkörper keine Ursache für eine verschiedene Formänderung der beiden Körper vorhanden ist. Dann aber ist auch nach neueren Forschungen (vgl. Prof. Jahn-Danzig, Z. d. V. d. I. 1918) der von Reynolds beobachtete Schlupf kein wirklicher Gleitschlupf, wie er beim Aneinandervorbeigleiten zweier Reibkörper eintritt, sondern ein ‚scheinbarer Schlupf', hervorgerufen durch das Abbiegen der kleinen Oberflächenunebenheiten an der Berührungsstelle der beiden Rollkörper bei der Kraftübertragung, der besser Formänderungsschlupf zu nennen ist (vgl. hierzu S. 59).

Bei ordnungsmäßiger tangentialer Kraftübertragung zweier Rollkörper kann ein maßgebendes tangentiales Vorbeigleiten an der Berührungsstelle im Sinne einer Reibwirkung nicht eintreten.

Daher darf auch an der Berührungsstelle keine Gleitreibung $W = \mu K$ wirkend angenommen werden, wie Herr Meyer meint, weil hierdurch die falsche Auffassung hervorgerufen würde, daß die Arbeitsverluste beim Abrollen von diesem Reibungswiderstand abhängig sind, während sie in Wirklichkeit durch das meistens sehr kleine Rollmoment Kf bestimmt werden.

Ich habe deshalb zur Erläuterung der Kraftwirkung einen Zahneingriff veranschaulichend angenommen und für die beim Abrollen maßgebende Kraft eine Zahnkraft. Diese Kraft hat mit der Reibkraft μK unmittelbar nichts zu tun, denn sie ist je nach dem zu übertragenden Nutzmoment verschieden groß.

Wiederholt habe ich gesagt, die gedachten Zähnchen sollen die kleinen Unebenheiten der Rollflächen nur veranschaulichen. Erst wenn diese bei der tangentialen Kraftübertragung zu stark abgebogen werden oder brechen, kann tangentiales Gleiten im Sinne einer Reibwirkung und Gleitschlupf eintreten.

Tangentiales Gleiten und Kraftübertragung durch tangentiales Wälzen treten daher nie gleichzeitig auf. Im Wälzarm f werden aber neben den Formänderungsverlusten des Wälzens auch die Reibungsverluste des zeitweilig vorkommenden Gleitens mit gewertet.

Im Wälzarm f sind somit alle Formänderungseinflüsse enthalten, wie dies auch auf S. 10—12 und 93—100 meines Buches erläutert ist. Er ist im Formänderungsmoment Kf als eine Länge gekennzeichnet, um die Formänderungsverluste in den statischen Gleichgewichtsbedingungen der Kräfte einfach werten zu können. Eine andere Wertungsmöglichkeit, die zugleich die Kraftwirkungen richtig berücksichtigt, ist bisher nicht gefunden worden.

In Wirklichkeit ist der Wälzarm f abhängig von der Beschaffenheit der Rollkörper, von den wirkenden Kräften an der Wälzstelle und von anderen Einflüssen (s. S. 25 u. f.).

3. Riementrieb als Wälztrieb.

Abs. 3 des Meyerschen Gutachtens:

Ganz sinnlos ist es, wenn der Verfasser die Bewegung eines Riemens beim Überlaufen über die Scheibe, für die er ausdrücklich annimmt, daß sie ohne Gleiten, also in relativer Ruhe gegen die Scheibe erfolgt, als ein »tangential gerichtetes Abwälzen« von Riemen und Scheibe auffaßt und zur Berechnung der dabei auftretenden Widerstände einfach die Formel für den Wälzwiderstand benutzt. Selbst mit der kühnsten Vorstellung wird man sein Bild über das Auftreten dieses Widerstandes nicht erfassen können, gemäß dem er auf S. 69 unten die Kraft dK ausdrücklich als den Auflagedruck eines unendlich kleinen Riemenelementès an dessen Berührungsstelle mit der Scheibe bezeichnet, sie aber trotzdem um den endlichen »Wälzarm« f von der Berührungsstelle entfernt angreifen läßt. Nachher findet er dann, daß die auf Grund dieser Annahme berechnete Formel mit seinen anderen Formeln in Widerspruch steht. Kurz entschlossen durchhaut er den gordischen Knoten dadurch, daß er das Wälzmoment $dK.f$, das er nach seiner Theorie zur Berücksichtigung der Formänderungsarbeit einführen mußte, beim Riemen einfach wieder wegläßt und nur das Gegenmoment an der Scheibe (also unter Verletzung des Wechselwirkungsgesetzes) berücksichtigt, weil ihm dies in die Rechnung paßt. Und obgleich der Widerspruch rein rechnerisch nur durch die Flüchtigkeit bedingt ist, mit der er Formeln, die für das Bremsband unter anderen Voraussetzungen entwickelt waren, hier als gültig ansieht, erfindet er sofort auf S. 74 eine Erklärung, warum man beim Riemen das Formänderungsmoment weglassen müsse, die einen erstaunlichen Mangel an mechanischer Schulung zeigt.

Widerlegung zu Abs. 3:

Ich hatte allerdings angenommen, daß der Vergleich eines Riementriebes mit einem Rolltriebe auch ohne nähere Erläuterung sogar jedem Anfänger sofort verständlich sein müßte. Herrn Meyer mögen die folgenden Bilder zur Aufklärung dienen:

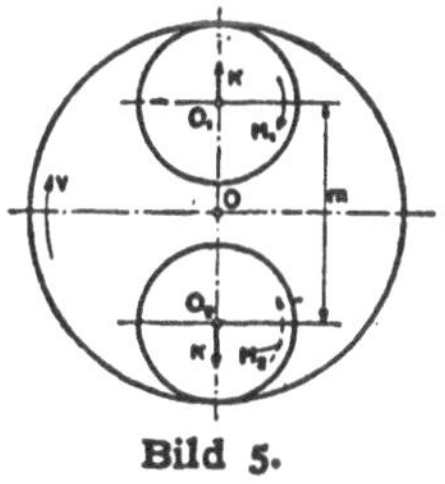

Bild 5.

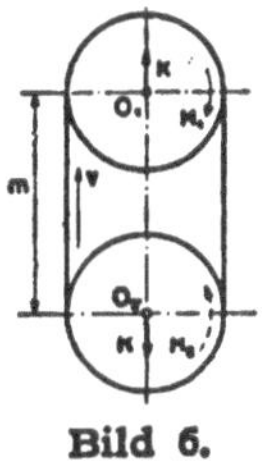

Bild 6.

Bild 5 zeigt einen Innenrollentrieb mit zwei inneren Walzen, welche gegen eine äußere Walze durch die Kraft K ausreichend verspannt sind. Dann ist sichere Kraftübertragung der Momente M_1 und M_2 möglich.

Bild 6 zeigt einen parallelläufigen Riementrieb, der aus

Bild 5 einfach dadurch entsteht, daß die Außenwalze aus nachgiebigem Stoff (Riemen) gedacht ist. Die Kraftübertragung bleibt unverändert, nur die Berührungsflächen im Trieb werden entsprechend größer.

Dieser Vergleich ist ebenso wie die Angabe im Buch jedem sofort verständlich. Herr Meyer nennt ihn sinnlos!

Die Berücksichtigung des Formänderungsmoments für die Kraftwirkungen an einem Riemenelement ist von mir in der üblichen Weise durchgeführt worden. Bild 7 entspricht der Abb. 67 S. 71 meines Buches. Das unendlich kleine Formänderungsmoment $dM_f = dK \cdot f$ als Produkt einer unendlich

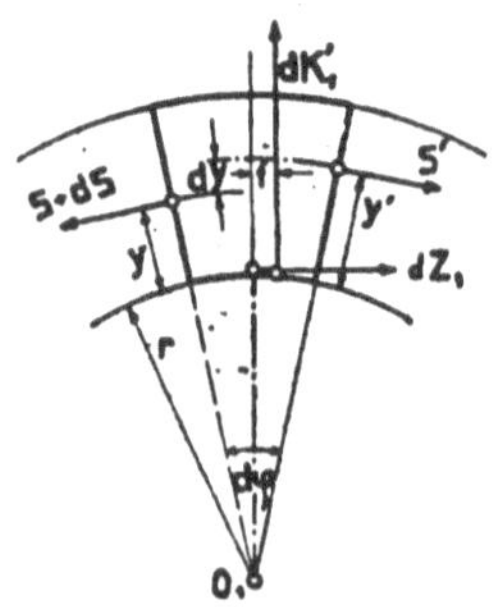

Bild 7.

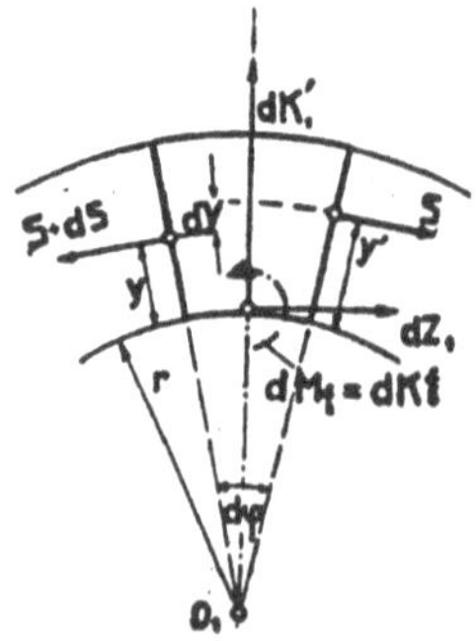

Bild 8.

kleinen Auflagekraft dK und des endlichen Wälzarms f hätte auch nach Bild 8 durch einen Momentpfeil dargestellt werden können. Das ist sachlich genau dasselbe.

Die Darstellungsweise nach Bild 7 ist richtig, weil es zulässig und üblich ist, unendlich kleine Größen durch endliche Linien darzustellen; es ist daher auch statthaft, den endlichen Wälzarm in das Bild einzuzeichnen, der Größenunterschied zwischen den unendlich kleinen Größen und dem endlichen Wälzarm würde sich sonst weder auf einer Buchseite noch überhaupt in richtigem Verhältnis angeben lassen. Der Wälzarm wird ja nie für sich allein, sondern stets nur als Formänderungsmoment gewertet. Beide Darstellungsarten kennzeichnen somit stets das unendlich kleine Formänderungsmoment $dM_f = dK \cdot f$.

Kein Fachmann kann die von mir gewählte Darstellungsart

mißverstehen; jeder wird auch die große Ähnlichkeit in den Kraftwirkungen beim Riementriebe und bei der Bandbremse erkennen. Bei beiden wirken an der Berührungsfläche der Scheibe tangentiale Kräfte (beim Bremsband die Reibungskräfte dW, beim Riemenband die Zahnkräfte dZ), welche eine stetige Vergrößerung der Bandspannungen von t auf T hervorrufen.

Für den Kräftezusammenhang ist es dabei gleichgültig, ob beim Bremsband ein relatives Gleiten erfolgt, während beim Riemen keine relative Bewegung gegenüber der Scheibe, sondern möglichst schlupfloses Mitnehmen eintreten soll.

Wesentlich ist nur, daß mit wachsenden Normaldrücken dK bei der Bandbremse die Bremswirkung durch die Reibungskräfte dW zunimmt, beim Riementrieb die Haftfähigkeit oder die Mitnahmefähigkeit des Riemens, die sich durch die Größe der übertragbaren Umfangskräfte oder der Zahnkräfte dZ kennzeichnet.

Für die Bandbremse gilt dann die Beziehung $dW = \mu dK$, wobei die Reibungszahl μ für einen bestimmten Reibungszustand der Bremse eine über der Berührungsfläche an der Scheibe gleiche Größe ist.

Für den Riementrieb gilt aber die Beziehung $dZ = \zeta dK$, wobei die Betriebszahl ζ für einen bestimmten Betriebszustand des Riemens als eine über der Berührungsfläche des Riemens an der Scheibe gleiche Größe angesehen werden kann, die sich aber mit dem Belastungszustande des Riemens ändert. Bei gleichen Normaldrücken dK nimmt die Betriebszahl ζ vom Leerlauf bis zur Vollbelastung zu.

In dem Augenblicke, wo durch Anwachsen der zu übertragenden Umfangskräfte die Mitnahmefähigkeit des Riemens aufhört und schließlich Abgleiten der Scheibe am Riemen, ähnlich wie bei einer Bandbremse, eintritt, geht die Beziehung $dZ = \zeta dK$ über in die Beziehung $dW = \mu dK$.

Der Zusammenhang zwischen Riementrieb und Bandbremse ist somit richtig gekennzeichnet, und unter diesen Annahmen und Voraussetzungen, welche durch praktische Erfahrungen und Versuche gestützt werden, sind die Rechnungen in meinem Buche durchgeführt.

Sämtliche Ableitungen sind richtig, und Abb. 68 S. 74 meines Buches weist nach, daß man die Formänderungsverluste des Riemens unmittelbar in den statischen Gleichgewichtsbedingungen für das Riemenelement nicht werten kann, wohl aber durch die Zunahme des aufzuwendenden Kraftmoments an der Scheibe (vgl. hierzu S. 68).

Die angeblichen Fehler hat Herr Meyer nachzuweisen vergessen.

4. Riementrieb. Versuche von Friederich.

Abs. 4 des Meyerschen Gutachtens:

Für den Geist, in dem der Verfasser sein Buch geschrieben und seine Bilder über das Wesen der Bewegungswiderstände ausgearbeitet hat, sind auch die folgenden Sätze auf S. 101 unten und 102 recht kennzeichnend; sie lauten: »Das Mitnehmen des Riemens durch die Scheibe und umgekehrt ist, solange kein Gleiten stattfindet, nicht allein auf den zwischen Scheibe und Riemen bestehenden Reibungszustand zurückzuführen, sondern erfolgt in Wirklichkeit durch Adhäsionskräfte oder im Sinne meiner früheren Ausführungen durch mikroskopisch kleine Oberflächenzähne. Es darf nicht vergessen werden, daß Reibungskräfte erst entstehen können, wenn ein Gleiten zwischen Riemen und Scheibe schon eingetreten ist. Solange die kleinen Zähne die zu übertragenden Zahnkräfte dZ aushalten, ohne zu brechen oder vollständig abzubiegen, wird selbst bei kleinen Auflagedrücken dK ein sicheres Mitnehmen des Riemens erfolgen können. Erst wenn an dem einen oder beiden Körpern die kleinen Zähne brechen oder so weit abgebogen sind, daß die Scheibe am Riemen vorbeigleiten kann, entstehen Reibungskräfte, deren Summe aber wesentlich kleiner als die vorher übertragene Umfangskraft (Zahnkraft) sein kann. Wäre das Mitnehmen des Riemens nur durch die Reibungskräfte bedingt, dann müßte $\frac{T}{t} = e^{\mu\varphi}$ sein, wobei μ der Reibungskoeffizient zwischen Riemen und Scheibe ist. Mit $\varphi = \pi$ und $\mu = 0 \cdot 3$ (Lederriemen und Eisenscheibe) könnte das Spannungsverhältnis (der Riemenenden) höchstens den Wert von 2,5 erreichen. In Wirklichkeit ist aber nach den Versuchen Kammerers sichere Kraftübertragung ohne Gleiten noch bei einem Spannungsverhältnis $\frac{T}{t} \sim 5$ möglich. Hieraus ist auf die vorher beschriebene Art der Kraftübertragung mittels kleiner Oberflächenzähne ohne weiteres zu schließen, da man unmöglich annehmen kann, daß sich der Reibungskoeffizient μ während des Betriebes auf fast das Dreifache des ursprünglichen Wertes erhöht.«

Man vergleiche die apodiktische Sicherheit, mit der der Verfasser einen Reibungskoeffizienten $= 3 \times 0 \cdot 3 = 0 \cdot 9$ »unmöglich annehmen kann« und darum »ohne weiteres« auf die Kraftübertragung mittels mikroskopisch kleiner Oberflächenzähne schließen muß, mit den inzwischen bekannt gewordenen Untersuchungen von Friederich (Zeitschrift d. V. d. I. 1915, S. 537, 580, 608), der bei einwandfreien Versuchen für die Reibung zwischen Riemen und Scheibe Reibungskoeffizienten bis zu $\mu = 1{,}64$ gefunden hat!

Widerlegung zu Abs. 4:

Herr Meyer verweist vergeblich auf die Versuche von Friederich; er ist dabei formell im Unrecht, weil diese Versuche erst nach meinem Buch veröffentlicht wurden, und sachlich im Unrecht, weil er die Werte Friederichs mißdeutet, dessen Versuche meine Auffassung vollständig bestätigen.

Herr Meyer irrt, wenn er annimmt, daß Friederich durch seine Versuche Reibungszahlen zwischen Riemen und Scheibe bis zu 1,64 gefunden habe. Die Größe $\mu_m = 1{,}64$, welche Friederich angibt, ist keine Reibungszahl, sondern eine Betriebsgröße, die mit Gleitreibung unmittelbar nichts zu tun hat.

Friederich sagt hierüber (Zeitschr. d. V. d. I. 1915 S. 585): »Die außerordentlich hohen Werte von μ_m sind erklärlich, wenn man weiß, daß es sich hier nicht um Reibung fester Körper und daher auch nicht um Reibungskoeffizienten im gewöhnlichen Sinne handelt«.

Friederich hat μ_m auch nicht unmittelbar durch Gleitversuche, sondern mittelbar aus den Werten der Riemenspannungen, im Zusammenhang mit den Umfangskräften, mit Hilfe der Beziehung $S_1 = S_2 e^{\mu_m \pi}$ bestimmt.

Hieraus und aus dem anderen Inhalt der Friederichschen Arbeit geht hervor, daß es sich bei den Werten μ_m nicht um die üblichen Reibungszahlen, sondern um Betriebsgrößen handelt, welche die Mitnahmefähigkeit des Riemens durch die Scheibe kennzeichnen, ähnlich, wie dies durch die in meinem Buche benutzten Größen ζ geschieht, zumal sich auch bei Friederich die Größen μ_m mit den Umfangskräften ändern.

Die Haftung des Riemens wurde bei den Friederichschen Versuchen durch Einfetten des Riemens noch wesentlich erhöht. Es entstand dadurch eine Art von Adhäsionswirkung, ähnlich der in meinem Buche hervorgehobenen, so daß eine besonders innige Haftung des Riemens an der Scheibe, aber kein Gleiten im Sinne einer Bandbremswirkung hervorgerufen wurde.

Die Versuche von Friederich bestätigen somit meine Ausführungen, ebenso wie die Versuche von Kammerer.

5. Einfluß der Fliehkraft.

Abs. 5 des Meyerschen Gutachtens:

Ein unsinniges Bild macht sich der Verfasser zur Erklärung des Ergebnisses der Kammererschen Versuche, daß durch die Fliehkraft des Riemens der Achsdruck der Welle nicht so stark entlastet wird, wie die Rechnung erwarten läßt. Er sagt: »Man kann sich vorstellen, daß die kleinen Oberflächenzähne durch die Zahnkräfte dZ« (das sind die in tangentialer Richtung übertragenen Umfangskräfte) »aneinandergepreßt werden und dadurch dem

Abheben des elastischen Riemens von der Scheibe durch die Fliehkräfte dC einen Widerstand entgegensetzen, der mit wachsenden Zahnkräften dZ größer wird.« Die Erscheinung soll also durch axial gerichtete Kräfte, die im üblichen Sprachgebrauch als Zahnreibungskräfte zu bezeichnen wären, bedingt sein! Daß diese Kräfte gleich der berechneten Fliehkraft sein und nach dem Wechselwirkungsgesetz ihrerseits die Welle um den berechneten Betrag entlasten müßten, übersieht der Verfasser bei der Nutzanwendung dieses Bildes!

Widerlegung zu Abs. 5:

Herr Meyer hat eine unrichtige Vorstellung von der Fliehkraftwirkung, wie sich auch aus seinen Äußerungen S. 43 ergibt. Hier irrt er schon durch die Behauptung, daß die Zahnreibungskräfte gleich den berechneten Fliehkräften sein müssen.

Die Zahnkräfte hängen ab im wesentlichen von den Umfangskräften, die Fliehkräfte hingegen nur von Masse, Geschwindigkeit und Krümmungsradius des Riemens. Daher kann zwischen beiden kein sachlicher Zusammenhang bestehen.

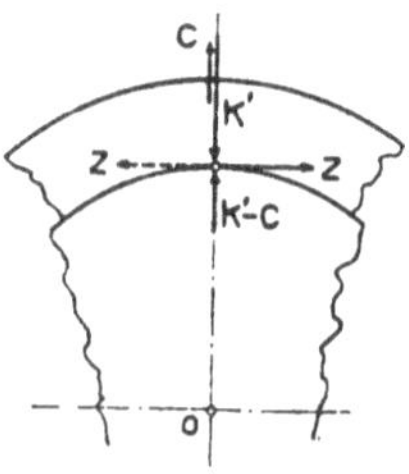

Bild 9.

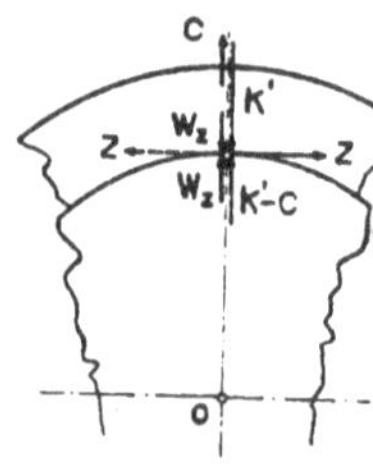

Bild 10.

Herr Meyer irrt weiter, wenn er annimmt, ich hätte bei meinen Überlegungen das Wechselwirkungsgesetz übersehen. Die Ansichten des Herrn Meyer zeigen indes, daß die Kraftwirkungen beim Riementrieb, so einfach sie tatsächlich sind, doch nicht von jedem verstanden werden.

Bei den Zahnreibungskräften handelt es sich nicht um den Einfluß der Fliehkräfte auf die Wellenbelastung, sondern, wie dies aus allen von mir abgeleiteten Beziehungen deutlich hervorgeht, um die durch die Fliehkräfte bewirkte Verringerung der Auflagedrücke des Riemens, welche für die Mitnahmefähigkeit und die Formänderungsverluste maßgebend sind.

Bild 9 zeigt die maßgebenden Kraftwirkungen ohne Annahme von Zahnreibungskräften. Der resultierende Auflagedruck ist dann $K' - C$.

In Bild 10 sind zusätzlich die Zahnreibungskräfte W_z angebracht. Der Auflagedruck ist jetzt $K'-C+W_z$. Die Verminderung der Auflagepressung durch die Fliehkräfte ist somit um die Zahnreibungskräfte W_z geringer als vorher.

Im Leerlaufe sind die gedachten Zahnreibungskräfte fast Null, und es wird daher, wie dies auch in meinem Buche angegeben ist, der maßgebende Auflagedruck bis nahezu auf den theoretischen Wert $K'-C$ vermindert.

Der Einfluß der Zahnreibungskräfte kann aber auch bei Vollbelastung nicht erheblich sein, weil diese Kräfte nur sehr klein sein können. Wesentlicher für die Größe der Druckverminderung durch die Fliehkräfte ist die elastische Beschaffenheit des Riemens, wie im Buch auch hervorgehoben.

6. Reibungszustände.

Abs. 6 des Meyerschen Gutachtens:

Eine völlige Verleugnung aller bisher gemachten Erfahrungen und der daraus gewonnenen mechanischen Anschauungen über das Wesen der Reibung leistet sich der Verfasser mit seiner Entdeckung der »Auslaufreibung«, indem er in sicherem Tone ausspricht: »Es gibt auch einen dem Auslauf von bewegten Massen ähnlichen Zustand der Reibung (»Auslaufreibung«), da sich beim Aufhören der Bewegung die abgebogenen kleinen Oberflächenzähne beider Körper wieder aufrichten, wobei Gegenkräfte entstehen müssen, ähnlich den beim Auslauf von bewegten Körpern frei werdenden Massenkräften!«

Widerlegung zu Abs. 6:

Nicht Verleugnung, sondern Würdigung der bisherigen Erfahrungen zwingen dazu, Anlauf- und Auslaufreibung als Übergangszustände einzuführen, die Herr Meyer verkennt, weil er an der überlieferten Auffassung haftet. Wenn die ‚Reibung der Ruhe', die ich Anlaufreibung nenne, tatsächlich sehr klein oder Null werden könnte, wie Herr Meyer meint (S. 11), könnte auch die Auslaufreibung Null werden, was Widersinn ist. Die Erfahrung lehrt, daß sie immer größer ist als die Bewegungsreibung, wovon sich jedermann täglich überzeugen kann, wenn z. B. ein gebremster Wagen mit einem Ruck stillsteht. Der anschauliche Vergleich mit der Massenbewegung ist daher auch gerechtfertigt.

Da nach meiner Auffassung (S. 103—105 meines Buches) Reibungswiderstände erst wirksam werden können, wenn eine

Relativbewegung der Reibkörper an der Berührungsfläche eintritt, habe ich den sinnwidrigen, jedoch eingebürgerten Begriff ‚Reibung der Ruhe' abgelehnt und den Zustand bei Einleitung der Bewegung als ‚Anlaufreibung' bezeichnet, ihn so von der ‚Reibung der Bewegung' unterscheidend.

Dies führte zum anschaulichen Vergleich mit den Massenwirkungen und zur Bezeichnung auch des Auslaufzustandes als ‚Auslaufreibung'.

Wie die Anlaufreibung größer ist als die Reibung der Bewegung, so muß es auch die Auslaufreibung sein, weil sie den Anfangszustand wiederherstellt (vgl. hierzu S. 58).

7. Englische Kritik.

Abs. 7 des Meyerschen Gutachtens:

Man erlasse mir eine weitere Besprechung seiner Bilder und ihrer Ungereimtheiten. Wer sie verfolgt, wird das Urteil völlig berechtigt, ja noch zu mild finden, das in der Besprechung des Buches in der Zeitschrift »Engineering« 1912 S. 869 enthalten ist und das lautet: »Es ist erstaunlich, mit welcher Naivität Dr. Löffler Reibungserscheinungen betrachtet.« Und: »Der praktische Ingenieur hat im Durchschnitt nach unserer Meinung eine viel bescheidenere Auffassung von dem Geheimnisvollen der Reibung als unser Verfasser.«

Zu Abs. 7:

Die von Herrn Meyer angeführte englische Besprechung meines Buches kannte ich früher nicht. Es waren mir nur die vielen Besprechungen in deutschen technischen Zeitschriften bekannt geworden, die meine Arbeit durchweg anerkennend beurteilen.

Die englische Besprechung wertet mein Buch von einem durchaus einseitigen theoretischen Standpunkt aus, der den wissenschaftlich-technischen und praktischen Zielen meiner Arbeit nicht folgt.

Für mich lag keine Ursache vor, auf die Arbeiten von Reynolds und Jakob einzugehen, da sie auf ganz anderen Grundlagen aufgebaut sind als die meinige oder ihre Ergebnisse nur unter Voraussetzungen gelten, die sich praktisch nicht verwirklichen lassen.

Der englische Besprecher macht mir zum Vorwurf, ich hätte bei meinen Reibungsuntersuchungen die vielen Nebeneinflüsse, wie Abschabung, elastische Hysteresis, Schmierung und Flüssigkeitsreibung, Oberflächenbearbeitung, Härte der Materialien, nicht berücksichtigt. Ich habe in meinem Buche die Reibungserscheinungen an Bremsen und Rolltriebwerken untersucht, bei denen Schmierung in der Regel ausgeschaltet ist. Die Formänderungseinflüsse an der Berührungsfläche sollten vor allem beurteilt werden; doch sind auch andere Einflüsse, wo es nötig erschien, ausreichend gekennzeichnet worden.

Mit einseitigen Theorien lassen sich die vielseitigen Reibungserscheinungen nicht beherrschen. Nur durch einfache Überlegungen, gestützt auf praktische Erfahrungen und richtig durchgeführte Versuche, welche die wirklichen Betriebszustände werten, lassen sich brauchbare Rechnungs- und Gestaltungsgrundlagen schaffen.

Der Hauptzweck meiner Arbeit war, derartige Versuche anzuregen und die Grundlagen hierfür dadurch zu schaffen, daß die Kraftverhältnisse, der Wirklichkeit entsprechend, durch Bild und Wort geklärt wurden.

8. Wertung des Wälzarms.

Abs. 8 des Meyerschen Gutachtens:

Nachdem ich so die Grundlagen des Buches besprochen habe, gehe ich auf den Inhalt der einzelnen Abschnitte ein. Der Abschnitt I über Rolltriebwerke enthält, insofern man den Rollwiderstand in der bisher in der technischen Mechanik üblichen Weise durch das Wälzmoment Kf berücksichtigen kann, einfache, rechnerisch einwandfreie Formeln über den Wirkungsgrad der Rolltriebwerke. Zur Benutzung dieser Formeln in der Praxis käme aber alles auf die Angabe von Zahlenwerten für den Wälzarm f an. Der Verfasser gibt aber hier keine einzige Zahl dafür an. Der im Vorwort erhobene Anspruch des Verfassers, daß es ihm gelungen sei, die Kraftverhältnisse und Wirkungsgrade zu bestimmen, ist daher selbst für diesen Abschnitt ganz unberechtigt. Sie sind vielmehr nur in einem unbekannten, mit den wirkenden Kräften in hohem Maße veränderlichen Koeffizienten f ausgedrückt. Man betrachte z. B. seine Formel 19 (S. 17), nach der der Wirkungsgrad eines Rolltriebwerkes (Kraftwagenprüfstand) um so größer wird, je größer die übertragene Umfangskraft ist. Der Verfasser weist selbst darauf hin, daß nach Versuchen mit Pneumatikreifen umgekehrt der Wirkungsgrad mit der Umfangskraft P stark abnimmt. Also reicht der alte Ansatz der technischen Mechanik: Wälzmoment = Auflagekraft K mal Wälzarm f für die Berechnung des Rollwiderstandes von weicheren Körpern keineswegs aus; die aus diesem Ansatz zur Bestimmung des Wirkungsgrades abgeleiteten Formeln sind daher wertlos, und die Behauptung des Verfassers im Vorwort, daß seine Ergebnisse durch Versuche bestätigt seien, ist wenigstens für den vorliegenden Fall nach seinem eigenen Zeugnis durchaus unzutreffend.

Widerlegung zu Abs. 8:

Herr Meyer verteidigt die üblichen, ‚konstanten' Reibungskoeffizienten, die die stets veränderliche Reibung nie richtig werten können, und nennt veränderliche Betriebszahlen ‚wertlos', obwohl er. — hoffentlich — solche selbst benutzt, z. B. Festigkeitszahlen, die von zahlreichen veränderlichen Einflüssen abhängen, sogar von Zeit und Art der Kraftwirkung und von Einzelheiten der beanspruchten Teile.

Der Wälzarm f, welcher alle Formänderungsverluste werten soll, muß naturgemäß von einer großen Zahl von Faktoren abhängig sein und ist daher immer ein veränderlicher Wert, den verschiedenen, wechselnden Betriebsverhältnissen entsprechend. Es ist unmöglich, diesen Wert etwa durch rechnungsmäßige Überlegungen und Formeln festzulegen, so daß er ohne weiteres für Neurechnungen und Gestaltungen benutzt werden kann.

Der Wälzarm f kann nur durch richtige Versuche ermittelt werden, wobei alle maßgebenden Einflüsse für bestimmte Betriebszustände mit zu werten sind.

Auch die Reibungszahl μ ist eine von zahlreichen Faktoren abhängige und daher stark veränderliche Größe, die nur durch Versuche bestimmt werden kann. Sie wird beeinflußt nicht nur von der Art der Reibkörper und der Berührungsfläche, sondern auch von der Größe und Verteilung der wirkenden Kräfte. Diese vielseitigen Abhängigkeiten lassen sich nicht rechnerisch gesetzmäßig ausdrücken. Es wird aber trotzdem mit ganz einfachen Reibungsformeln gerechnet, und mit einer einzigen Rechnungsgröße, der Reibungszahl μ, werden sämtliche Einflüsse ausgedrückt.

Dies ist nur zulässig, wenn μ durch Versuche für einen bestimmten Betriebsfall einwandfrei bestimmt worden ist und für Neuberechnungen und Gestaltungen richtig verwendet wird. Die Verallgemeinerung ist herrschender Unfug, der irreführt.

Der Einfluß der Umfangskraft in der Gleichung 19 S. 17 meines Buches ist nicht nur durch die Größe P_1, sondern auch durch den Wälzarm f gekennzeichnet, der in allen Beziehungen über Rollwirkungen auch von der Umfangskraft und den tangentialen Formänderungen abhängig ist. Dies ist mit Bezug auf Gleichung 19 noch besonders auf S. 18 des Buches hervorgehoben, wonach nur der durch praktische Versuche ermittelte Wälzarm f die endgültige Abhängigkeit des Wirkungsgrades von der Umfangskraft zu beurteilen gestattet.

Ähnliche Zusammenhänge bestehen auch bei Bremsen, deren Kräfteverhältnisse erst eindeutig bestimmt sind, wenn die Reibungszahl μ durch richtige Versuche in ihrer Abhängigkeit von den Reibkörpern und den wirkenden Kräften ermittelt ist.

Dies ist in der Regel nur für bestimmte Betriebsverhältnisse möglich, und es ist nicht zulässig, Betriebsgrößen, wie die Reibungszahl μ oder den Wälzarm f, aus Tabellen zu entnehmen und in Formeln einzusetzen, ohne ihre für den besonderen Rechnungsfall maßgebenden Abhängigkeiten von den Körpereigenschaften und den wirkenden Kräften zu kennen, und ohne zu wissen, wie sie durch Versuche ermittelt worden sind.

In Lehrbüchern und technischen Handbüchern sind vielfach Reibungszahlen μ enthalten; dabei fehlt aber meistens jede nähere Angabe über die zur Bestimmung dieser Zahlen durchgeführten Versuche und deren Geltungsbereich.

Die Versuchsergebnisse sind in der Regel aus unrichtigen Überlegungen und fehlerhaften Versuchsgrundlagen entstanden; sie werden in unzulässiger Weise verallgemeinert und angewendet.

Auf diese Mängel der bisherigen Anschauungen hinzuweisen, die Kraftverhältnisse den wirklichen Betriebszuständen entsprechend zu klären und richtige Versuchsgrundlagen anzugeben, war Hauptziel meines Buches.

Es war mir natürlich nicht möglich, solche kostspieligen Versuche selbst auszuführen, meine Arbeiten sollten aber die Ausführung richtiger Versuche zur Bestimmung von Reibungszahlen und Wälzarmen für verschiedene Betriebsverhältnisse anregen.

Die in meinem Buche erstmalig entwickelten Beziehungen über die Kraftwirkungen bei Rolltrieben haben inzwischen Eingang in die Literatur über Drehwerke von Kranen gefunden (vgl. Zeitschr. d. V. d. I. 1914 S. 39 und 358), bei denen die Gleichung 19 S. 17 den Wirkungsgrad in Abhängigkeit von der Umfangskraft unmittelbar richtig wiedergibt, weil bei diesen Drehwerken mit harten Walzen auf harter Unterlage die tangentialen Formänderungen sehr klein sind gegenüber den durch die Normalkräfte hervorgerufenen, so daß der Wälzarm f von den Umfangskräften nur wenig beeinflußt wird.

9. Backenbremsen.

Abs. 9 des Meyerschen Gutachtens:

In dem Abschnitt II 1 über Backenbremsen wird das auf die Scheibe übertragene Bremsmoment einer Backenbremse unter der Annahme berechnet, daß sich die Auflage- und Reibungskräfte gleichmäßig über die Bremsfläche verteilen, während bei der üblichen Rechnung Auflagekraft und Reibungswiderstand in der Mitte der Bremsfläche als Einzelkräfte angreifend gedacht werden. Die Rechnung wird auf Grund seiner Annahme vom Verfasser richtig durchgeführt. Zur Beurteilung der praktischen Bedeutung dieser Rechnung muß man aber beachten, daß sich unter der Annahme gleichmäßiger Verteilung der Kräfte das übertragbare Bremsmoment bei gleichem Reibungskoeffizienten größer ergibt als nach der üblichen Rechnung. In Wirklichkeit ist die Auflagekraft wohl nicht gleichmäßig verteilt, das wirklich auftretende Bremsmoment wird also zwischen den auf beiderlei Arten berechneten Werten liegen. Hat man den Reibungskoeffizienten aus Versuchen an ebenen Flächen bestimmt oder entnimmt ihn so den Tabellen, so berechnet man also mit der Formel des Verfassers das erzielbare Bremsmoment zu günstig, der Sicherheit der Rechnung halber empfiehlt es sich daher, in diesem Falle bei der üblichen, zudem einfacheren Formel zu bleiben. Bei kleineren Umschlingungswinkeln ist übrigens der Unterschied der beiden Rechnungsarten so gering, daß er gegenüber der Unsicherheit in der Größe des Reibungskoeffizienten nur wenig in Betracht kommt.

Widerlegung zu Abs. 9:

Herr Meyer empfiehlt also, wegen der ‚Sicherheit der Rechnung' bei den ‚üblichen' falschen, allerdings einfachen Formeln zu bleiben, bei einer Berechnung von Bremsen, die den verantwortlichen Ingenieur vor den Strafrichter bringen kann, weil die ‚üblichen' Formeln der Wirklichkeit nicht genügen.

Gegen die Rechnungsauffassung des Herrn Meyer muß im Interesse der auszubildenden Ingenieure auch im einzelnen entschieden Widerspruch erhoben werden. Nur bei unendlich schmalen Bremsbacken ist, streng genommen, die Annahme einer zentrisch wirkenden Einzelbremskraft zulässig. In Wirklichkeit haben Bremsscheiben und Bremsbacken zum Teil sehr große Abmessungen (Bremsen von Fördermaschinen). Wenn Reibungszahlen aber aus Versuchen mit kleinen Bremsscheiben und schmalen Bremsbacken ermittelt worden sind (Prof. Klein, Hannover, in Heft 10 der Forschungsarbeiten des V. d. I.), dann sind sie für viele Ausführungsarten zu groß bestimmt, und ihre Anwendung zur Berechnung von großen Fördermaschinenbremsen würde unzureichende Bremsen und Bremswirkungen ergeben (vergl. S. 94).

Diese Abhängigkeiten sind in meinem Buche ausführlich behandelt, und es ist nachgewiesen, daß bisher bei Versuchen und

Berechnungen die wirklichen Betriebszustände und Kraftwirkungen zumeist nicht beachtet waren.

Reibungszahlen, die aus Tabellen entnommen werden, dürfen nur mit größter Vorsicht zu Neuberechnungen verwendet werden. Jede Reibungszahl hat nur ein beschränktes Anwendungsgebiet. Ist sie aus Versuchen mit Bandbremsen ermittelt, dann darf sie nicht ohne weiteres zur Berechnung von Backenbremsen verwendet werden und umgekehrt.

Da von der sicheren Wirkung der Bremsen in vielen Fällen die Beherrschung der Triebwerke entscheidend abhängt und bei ihrem Versagen gefährlichste Folgen entstehen können, muß sich jeder Fachmann mit den maßgebenden Kraftverhältnissen vertraut machen. Die bisher üblichen Rechnungsmethoden sind unzureichend, weil sie auf die wirklichen Betriebsverhältnisse der Bremsen keine Rücksicht nehmen.

10. Bandbackenbremsen.

Abs. 10 des Meyerschen Gutachtens:

In den Rechnungen über Bandbackenbremsen (Abschnitt II, 2 a) können die unter Einführung unendlich kleiner Auflagekräfte dK und Reibungskräfte μdK aufgestellten Gleichgewichtsbedingungen nicht integriert werden, da man nicht weiß, wie sich die Kräfte dK über die Bremsfläche verteilen. Die Aufstellung der Gleichungen, die nach dem gleichen Schema wie für die Backenbremsen erfolgt und somit nichts Neues bietet, ist daher bedeutungslos. Abb. 45 stellt eine unbrauchbare Anordnung dar.

Widerlegung zu Abs. 10:

Der Zweck des Abschnittes ‚Bandbackenbremsen' meines Buches war vor allem, einen Übergang von den Backen- zu den Bandbremsen zu schaffen und zu zeigen, daß die aufgestellten Gleichgewichtsbedingungen nicht integrierbar sind und keine Berechnung der Bandspannungen zulassen, solange nicht die Verteilung der Auflagedrücke über die Bremsfläche bekannt ist.

An keinem der verschiedenen Beispiele über Bandbackenbremsen ist eine Verteilung der Auflagedrücke angenommen, die einer praktisch brauchbaren Ausführung entsprechen könnte. Es sind nur allgemeine Beziehungen abgeleitet worden.

Herr Meyer findet aber besonders die Ausführung nach Abb. 45 meines Buches unbrauchbar. Aus welchem Grunde, gibt er nicht an.

11. Bandbremsen.

Abs. 11 des Meyerschen Gutachtens:

In dem Abschnitt II, 2b über Bandbremsen mit glattem Bremsband weicht der Verfasser dadurch von der üblichen Rechnung ab, daß er die endliche Dicke des Bremsbandes berücksichtigt. Sein Ansatz krankt aber an dem Fehler, daß er die in den Bremsbandquerschnitten wirkenden Schubkräfte unberücksichtigt läßt. Daß die in den Abb. 49, 50, 51 und 52 dargestellte Kraft- und Spannungsverteilung der Wirklichkeit nicht entsprechen kann, erkennt man daraus, daß nach dieser Spannungsverteilung das linke Ende des Bremsbandes von der Bremsscheibe weggekrümmt, das rechte Ende aber viel stärker gekrümmt sein müßte als die Scheibe, während in Wirklichkeit die Bedingung, daß das Bremsband während des Betriebes auf dem ganzen Umschlingungsbogen gleiche Krümmung besitzt, der Rechnung zugrunde gelegt werden muß. So ist die Aufgabe, die Dicke des Bremsbandes zu berücksichtigen, oberflächlich angefaßt und nur zum Scheine durchgeführt. Die Vorschrift, den jedenfalls schädlichen Einfluß der Bremsbanddicke δ dadurch zu berücksichtigen, daß man sich die auf üblichem Wege berechneten Spannkräfte T und t in den Bremsbandenden nicht am Halbmesser $R+\frac{\delta}{2}$, sondern nur am Halbmesser R der Bremsscheibe wirkend denkt, ist daher aus seiner Rechnung keineswegs erwiesen, ist vielmehr nur eine Vorsichtsmaßregel, solange man den noch unbekannten Einfluß der Bremsbanddicke nicht durch Rechnung festgestellt hat.

Für Bandbremsen mit gefüttertem Bremsband (Abschn. II, 2c) gestatten die Formeln 119—124 des Verfassers eine in der Praxis brauchbare Annäherungsrechnung.

In dem Abschnitt II, 2d finden sich zunächst die in allen einschlägigen Büchern enthaltenen Formeln für die einfache und die Differentialbandbremse zusammengestellt. Dem Obengesagten entsprechend ist hier der Halbmesser R statt $R+\frac{\delta}{2}$ eingeführt, wie das die Praxis, die $\frac{\delta}{2}$ wegen seiner Kleinheit gegenüber R häufig vernachlässigt, meist schon machte. Zum Zwecke der Wahl vorteilhafter Umschlingungswinkel untersucht der Verfasser auf S. 62 und 63 in den Abbildungen 59 bis 61 den Einfluß von Reibungskoeffizient und Umschlingungswinkel auf die an der Bremsscheibe wirkende Lagerkraft. Diese Untersuchung und die daraus auf S. 62 unten gezogenen Schlüsse sind aber verfehlt, da der Verfasser das Verhältnis der Lagerkraft zu der Spannung t des durch den Hebel betätigten Bremsbandendes angibt. Es ist klar, daß unter sonst gleichen Verhältnissen die Lagerkraft bei gleichem t mit dem Reibungskoeffizienten und der Zahl der Umschlingungen stark zunimmt, aber auch das übertragbare Bremsmoment nimmt damit sehr stark zu. Der Vergleich müßte sich vielmehr auf gleiche Umfangskraft, also auf gleiche Bremswirkung beziehen, und dann hätte der Verfasser gefunden, daß für gleiche Bremswirkung die Lagerkraft mit Zunahme der Zahl der Umschlingungen immer kleiner und im Grenzfall gleich der Umfangskraft wird.

Eine Differentialbremse nach Abb. 62 (S. 64), bei der die Hebelarme m_1 und m_2 der beiden Bremsbandenden gegenüber dem Drehpunkt des Hebels gleichgemacht sind, hält der Verfasser für »sehr geeignet zum Abbremsen von Kraftmaschinen, da dann nach Formel 135 das Reibungsmoment unabhängig von der Größe des Umschlingungswinkels φ und des Reibungskoeffizienten μ ist.« Bei gleichen Hebelarmen wird aber durch einen Ausschlag des Bremshebels am einen Ende ebensoviel Bremsband ab-, wie am anderen Ende aufgewickelt. Die erforderliche Anfangsspannung t des Bremsbandes kann daher nicht durch Anziehen des Bremshebels in der angenommenen Lage, sie müßte vielmehr durch elastische Vorspannung, wie beim Riemen, oder auf andere Weise erzeugt werden. Bei Änderung des Reibungskoeffizienten μ müßte sie nach Gleichung 133 sofort auch einen anderen Wert bekommen. Eine Differentialbremse mit $m_1 = m_2$ ist daher in Wirklichkeit völlig unbrauchbar.

Widerlegung zu Abs. 11:

Herr Meyer empfiehlt, mit den ‚üblichen' Zahlen zu rechnen. Diese Zahlen werden von den verschiedenen Quellen oft um das Zehnfache voneinander verschieden angegeben, und dabei wird stets verschwiegen, woher sie stammen und wie sie gefunden wurden. Herr Meyer will jedoch im dünnen Bremsband die Schubkräfte berücksichtigen, die gar keinen nennenswerten Einfluß haben können!

Bei den bisher veröffentlichten Ableitungen der Kraftwirkungen einer Bandbremse ist weder die Dicke des Bremsbandes noch die Verteilung der Kräfte berücksichtigt worden. Hierdurch sind unzureichende und zum Teil unrichtige Ergebnisse entstanden, die irrtümliche Auffassungen über die Bremswirkungen zur Folge hatten.

Durch meine Berechnungsart sind alle maßgebenden Einflüsse den wirklichen Betriebszuständen entsprechend berücksichtigt; dadurch konnte der Einfluß der an der Berührungsfläche des Bremsbandes wirkenden Reibungskräfte aufgeklärt und gezeigt werden, daß das Reibungsmoment gleich ist der Differenz der Bandspannungen $T-t$ mal dem Radius der Bremsfläche R, und nicht, wie bisher in der Literatur allgemein angegeben wird, gleich der Spannungsdifferenz $T-t$ mal dem mittleren Radius des Bremsbandes $R+\frac{\delta}{2}$.

Der sich hierdurch ergebende Unterschied der Rechnungswerte kann bei Abbremsung und Leistungsbestimmung von Kraftmaschinen unter Umständen beträchtliche Werte annehmen und erhebliche Fehler bei der Nachprüfung von Garantieverpflichtungen ergeben.

Ich konnte nachweisen, daß die Bandspannungen während des Abbremsens nicht in der Mitte des Bremsbandes, sondern entsprechend verschoben angreifen müssen, so daß die große Spannung T näher zur Bremsfläche wirkt als die kleine Spannung t. Es wird dadurch das rechte Ende mit der kleinen Spannung t von der Bremsscheibe weggezogen, und nicht, wie Herr Meyer irrtümlich annimmt, das linke Ende mit der großen Spannung T, welches selbstverständlich gegen die Bremsscheibe herangezogen wird. Das hat mit der Bedingung gleicher Krümmung gar nichts zu tun.

Ich habe des weiteren gezeigt, wie die Auflagedrücke während des Abbremsens verteilt sind, und daß sie nach dem gleichen Exponentialgesetz von der Stelle der kleinen Spannung t nach der Stelle der großen Spannung T hin zunehmen müssen. Hierdurch konnte die Ursache des im praktischen Betriebe mit holzgefütterten Bandbremsen beobachteten Festbrennens an der Stelle der großen Spannungen aufgeklärt werden.

Herr Meyer bemängelt, daß ich bei der Ableitung der Gleichgewichtsbedingungen die Schubspannungen nicht berücksichtigt habe. Abgesehen davon, daß die meisten der in der Literatur veröffentlichten Biegungsgleichungen ohne Beachtung der Schubspannungen abgeleitet worden sind, kann von einem beachtenswerten Einfluß der Schubspannungen bei den dünnen, elastischen Bremsbändern überhaupt keine Rede sein.

Im Zusammenhange mit den Untersuchungen über Bandbremsen sind von mir die Kraftwirkungen an mit Holzklötzen armierten Bandbremsen untersucht und für die Berechnung solcher Bremsen brauchbare Unterlagen geschaffen worden. Nach der bisher für solche Bremsen üblichen Rechnungsweise können große Fehler gemacht werden.

Die neuen Rechnungsergebnisse sind zur Beurteilung der in der Praxis bei Hebezeugen üblichen Bandbremsen und zur Ableitung richtiger Gleichungen für die Kräftezusammenhänge benutzt worden. Herr Meyer vergißt anzugeben, in welchen einschlägigen Büchern die von mir auf S. 61—65 angegebenen Formeln zu finden sind.

Auf den S. 62 und 63 meines Buches habe ich die durch die Bremskräfte hervorgerufene resultierende Lagerkraft D berechnet und in Abhängigkeit vom Bremsgewicht oder der kleinen Spannung t angegeben, um aufzuklären, warum bei Bandbremsen mit mehrfacher Umschlingung des Bandes die Bremswellen im praktischen Betriebe mehrfach gebrochen sind.

Bei solchen Bremsen müssen steife Bremsbänder benutzt

werden, weil dünne Bänder sich schlecht lösen lassen. Steife Bänder erfordern aber größere Bremsgewichte, als rechnungs mäßig zur Erzielung des erforderlichen Bremsmomentes erforderlich wären, um gleichmäßiges und rasches Anziehen des Bremsbandes zu erzielen. Hierdurch entsteht aber gerade die außerordentliche Gefahr der Wellenbrüche.

Aus meinen Rechnungen und Bildern sind die maßgebenden Kräftewirkungen ohne weiteres klar erkennbar, und ich konnte nachweisen, daß derartige Bremsen vorteilhaft mit glatten Stahlbändern auszurüsten sind, was durch die praktischen Erfahrungen vollständig bestätigt wird.

Wenn ich die resultierende Lagerkraft D, wie Herr Meyer will, in Abhängigkeit vom übertragbaren Bremsmoment angegeben hätte, dann würde ihre Wirkung mit der Zahl der Umschlingungen immer mehr abgenommen haben. Die Ursache der Wellenbrüche hätte auf diese Weise nie aufgeklärt werden können.

Bei der Differenzialbremse nach Abb. 62 S. 64 habe ich den Sonderfall untersucht, daß die Hebelarme der Bremsbandenden gleich groß werden. In den maßgebenden Formeln kommt dann die Reibungszahl μ nicht mehr vor, was zu der irrtümlichen Bemerkung Anlaß gegeben hat, daß das Reibungsmoment bei einer derartigen Bremse von der Reibungszahl μ unabhängig sei. Das ist natürlich nicht der Fall, sondern es muß, ähnlich wie bei manchen Backenbremsen, eine besondere Spannvorrichtung vorgesehen werden; die Änderung des Reibungsmomentes oder der Reibungszahl μ macht sich dann in einer Veränderung des Gewichtes G am Hebelarm l der Bremse bemerkbar. Doch sind die Einflüsse auf die Veränderung der Reibung von wesentlich geringerer Bedeutung als bei Differenzialbremsen mit großem Unterschied der Hebelarme.

Bandbremsen, bei denen der Hebelarm an beiden Bremsbandenden gleich ist dem Bremsradius R, werden vielfach zum Abbremsen von Kraftmaschinen verwendet und haben sich gut bewährt.

12. Zahntriebe.

Abs. 12 des Meyerschen Gutachtens:

Da ich mich mit den Abschnitten III und IV eingehender zu beschäftigen habe, sei jetzt zunächst der Abschnitt V über Zahntriebe besprochen. Es werden nach den Untersuchungen von Lasche (Zeitschrift d. V. d. I. 1899

S. 1488ff.) die relativen Bewegungen der ineinandergreifenden Zahnflanken dargestellt und auf Grund dieser Darstellung die Bewegungswiderstände untersucht. Außer der Gleitbewegung führen die beiden Zahnflanken noch eine Wälzbewegung aufeinander aus. Diesem Umstand trägt der Verfasser Rechnung, indem er außer dem Reibungswiderstand der gleitenden Reibung noch den Widerstand der rollenden Reibung in dem üblichen Ansatz: Wälzmoment $= K \cdot f$ hinzufügt. Diese Hinzufügung des Rollwiderstandes ist berechtigt. Die von ihm aufgestellten Formeln sind aber nicht gebrauchsfertig, da mit der relativen Lage der beiden Zahnflanken zueinander, d. h. mit dem Hebelarm m seiner Formeln, sich der Wirkungsgrad erheblich ändert und man nicht weiß, welchen Wert von m man für den mittleren Wirkungsgrad einzusetzen hat. Es wäre daher nach dem Vorgange der bestehenden Zahnreibungstheorie (die allerdings den Rollwiderstand nicht berücksichtigt) erforderlich gewesen, den mittleren Wirkungsgrad für den Durchgang der Zähne durch den Eintrittsbogen mittels Integration der Arbeitsverluste zu bestimmen, die an jeder Stelle des Eingriffsbogens entstehen. Außerdem fehlt aber auch hier jegliche Zahlenangabe über die Größe seines Wälzarmes f, ohne die der Gebrauch seiner Formel unmöglich ist.

Widerlegung zu Abs. 12:

Wenn Herr Meyer stets Gebrauchsformeln verlangt und integrierbare, d. i. vereinfachte, hergerichtete Gleichungen, dann weist er eine wichtigste Aufgabe der Rechnung ab, nämlich die, einen Zusammenhang zunächst nur aufzuklären.

Durch die in meinem Buche durchgeführten Überlegungen konnte ein einwandfreies Bild der Kraftwirkungen eines Zahntriebes und der eigenartigen Formänderungs- und Abnutzungsverhältnisses der Zahnflanken entwickelt werden. Es konnte gezeigt werden, daß die Zahnkräfte sich mit dem fortschreitenden Eingriff ständig ändern, und für die wichtigsten Stellen des Eingriffs konnten die Gleichgewichtsbedingungen und Wirkungsgrade unter Berücksichtigung der Wälz- und Gleitverluste angegeben werden.

Hierdurch ließen sich alle maßgebenden Einflüsse aufklären und richtige Versuchsgrundlagen schaffen, die zur Bestimmung der Reibungszahlen und Wälzarme von Zahntrieben bei bestimmten Betriebsverhältnissen erforderlich sind.

Herr Meyer vermißt eine Integration der Arbeitsverluste über den ganzen Eingriffsbogen hin, um einen mittleren Wirkungsgrad bestimmen zu können. Er zeigt aber nicht, wie eine solche Rechnung durchzuführen wäre.

Die von mir bei den Zahntrieben angewendete Behandlung des Formänderungsmomentes sieht Herr Meyer anscheinend für richtig an, während er die ähnlichen Rechnungen bei anderen

Rolltrieben ohne Angabe von Gründen bemängelt. In Wirklichkeit sind aber die Formänderungsmomente bei allen Rolltrieben in gleicher Weise berücksichtigt, und die Beanstandungen des Herrn Meyer sind unzutreffend.

13. Riementrieb als Rolltrieb und Theorie von Grashof.

Abs. 13 des Meyerschen Gutachtens:

Der Beurteilung der Abschnitte III und IV über Riemen- und über Seiltriebe mögen einige erläuternde Bemerkungen vorausgeschickt werden. Die ohne Berücksichtigung der Fliehkraft aufgestellte Formel der elementaren Riementheorie: $T = te^{\mu\varphi}$ (T und t die Spannkräfte im ziehenden und im gezogenen Trum, μ Reibungskoeffizient zwischen Riemen und Scheibe, φ Umschlingungswinkel) gilt nur für den Grenzfall, daß die Reibung gerade noch ausreicht, ein Gleiten der Scheibe unter dem Riemen hinweg zu verhindern. Die daraus berechnete Umfangskraft $U = T - t = t\,(e^{\mu\varphi} - 1)$ ist daher die bei gegebener Spannkraft t größte übertragbare Umfangskraft. In diesem Grenzfall überträgt jedes Riemenelement, das die Auflagekraft dK erleidet, die Tangentialkraft $dZ = \mu dK$ auf die Scheibe. Es ist $U = \sum_0^{\varphi} dZ = \sum_0^{\varphi} \mu dK$. Der Mittelwert der Auflagekräfte dK ändert sich bis zum Leerlauf des Riemens fast nicht, da er im wesentlichen durch die Vorspannung bedingt ist. Bei Umfangskräften, die kleiner sind als der Grenzwert, kann also der durchschnittliche Wert der Tangentialkraft unmöglich dem Auflagedruck proportional sein, sondern hängt von der zufälligen Größe der Umfangskraft ab, die für den Leerlauf nahezu = Null wird. Eine Aussage über die Verteilung der Umfangskraft U auf die einzelnen Riemenelemente, also auf die Änderung von dZ mit dem Umschlingungswinkel kann man für $U < \sum_0^{\varphi} \mu dK$ nur machen, wenn man den Schlupf des Riemens auf der Scheibe, der durch die von der Spannkraftsänderung $T - t$ hervorgerufene Längenänderung des Riemens erzeugt wird, ins Auge faßt. Unter den einfachsten Annahmen ergibt die Theorie von Grashof (vgl. Brauer, Zeitschr. d. V. d. I. 1908 S. 965), daß für $U < \sum_0^{\varphi} \mu dK$ das Schlüpfen nicht innerhalb des ganzen Umschlingungsbogens φ, sondern nur innerhalb des »Gleitbogens« α erfolgt, während auf dem »Ruhebogen« $\beta = \varphi - \alpha$ der Riemen in relativer Ruhe zur Scheibe bleibt. Innerhalb des Ruhebogens bleibt die Spannkraft des Riemens ungeändert, Tangentialkräfte werden hier auf die Scheibe nicht übertragen, erst im Gleitbogen nimmt die Spannkraft nach dem Gesetz $T = te^{\mu\alpha}$ von T auf t ab, und die den Gleitbogen durchmessenden Riemenelemente üben beim Schlüpfen über die Scheibe die Reibungskräfte

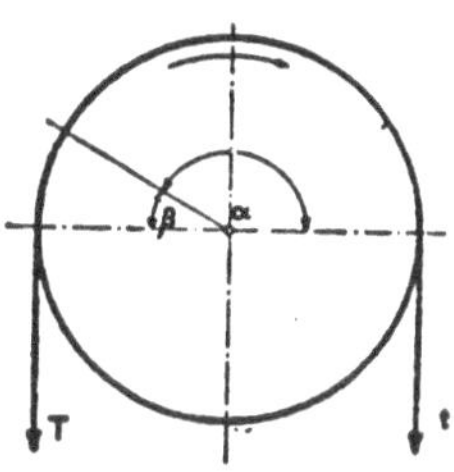

Bild 11.

$$\sum_{0}^{\alpha} dZ = \sum_{0}^{\alpha} \mu\, dK = T - t = t\,(e^{\mu\alpha} - 1) = U$$

auf die letztere aus. Die angeschriebenen Gleichungen dienen zur Berechnung von α. Der Gleitbogen wird umso kleiner gegenüber dem Ruhebogen, je kleiner die zu übertragende gegenüber der übertragbaren Umfangskraft $U = \sum_{0}^{\varphi} \mu dK$ ist. Die Grashofsche Theorie mag nicht alle die verwickelten Erscheinungen der Wirklichkeit wiedergeben, so daß nicht immer ein ausgeprägter Ruhebogen auftritt, jedenfalls darf aber aus ihr der Schluß gezogen werden, daß im Falle $U < \sum_{0}^{\varphi} \mu dK$ über die Verteilung der Kräfte dZ und der Spannkräfte über den umschlungenen Bogen nichts ausgesagt werden kann, wenn man das Schlüpfen des Riemens auf der Scheibe unbeachtet läßt, und daß eine Riementheorie, die vom Schlupfe absieht, ein Unding ist, zumal wenn in ihr Aussagen über die Verteilung der Kräfte und Arbeitsverluste über den umspannten Bogen gemacht werden.

Trotz dieser Sachlage und trotzdem der Verfasser Rechnungen über die Verteilung der Kräfte und der Formänderungsverluste über den umschlungenen Bogen anstellt, legt er seiner Riemen- und Seiltheorie ausdrücklich die Annahme zugrunde, daß kein Schlupf auftritt: Diese Annahme belegt er nicht etwa mit physikalischen Gründen, sondern verfügt sie einfach mit den Worten (S. 69): »Es werde für die weiteren Untersuchungen vorausgesetzt, daß bei Drehung der treibenden Scheibe zunächst der Riemen und durch diesen die zweite Scheibe mit der gleichen Geschwindigkeit ohne Gleiten (Schlupf) mitgenommen werde«, und leistet sich weiter den schönen Satz: »Da zwischen Riemen und Scheibe kein Gleiten erfolgen soll, so können bei der Bewegung auch keine Gleitwiderstände (Reibungswiderstände) auftreten.« Um doch zu einer Berechnung der von jedem Riemenelement auf die Scheibe übertragenen Tangentialkräfte dZ (seiner »an mikroskopisch kleinen Oberflächenzähnen wirkenden Zahnkräfte«) zu gelangen, macht er den Fehler, sie auf dem ganzen berührten Umfang proportional dem Auflagedruck dK zu setzen: $dZ = \zeta dK$. Er begründet sein Vorgehen mit den Worten (S. 72): »Nach den Ausführungen bei Bandbremsen mit glattem Bremsband kann angenommen werden, daß auch bei einem Riementrieb die Änderung der Spannungen und der Auflagedrücke nach einem ähnlichen Gesetz erfolgt wie bei den angeführten Bandbremsen.« Er überträgt also die Anschauungen, die er bei einem Trieb mit beabsichtigtem Gleiten abgeleitet hat, ohne weiteres auf einen Trieb, bei dem er ausdrücklich das Gleiten ausschließt.

Bei Vernachlässigung der Fliehkraft bekommt er so für beliebige Umfangskräfte die gleichen Formeln für die Abhängigkeit der Spannkräfte und Tangentialkräfte im Riemen vom Umschlingungswinkel, wie sie die elementare Riementheorie als nur für den Grenzfall gültig aufstellt.

Widerlegung zu Abs. 13:

Herr Meyer beachtet weder die Forderungen noch die Erfahrungen der praktischen Betriebe und verwechselt hier wie überall den Betriebszustand, bei dem sicher Kraft übertragen werden muß, mit einem ganz andersartigen Zustand: dem Zustand des Gleitens, also des Versagens des Betriebs, den er irrtümlich als ‚Grenzzustand' ansieht, während der Betriebszustand durch den Übergangszustand der Anlaufreibung doch völlig geändert wird. Die für den Betrieb unerläßliche Vorspannung berücksichtigt er nicht.

Die Annahme des Herrn Meyer ist unrichtig, daß bei einem Riementriebe, wo die Reibung gerade noch ausreiche, ein Gleiten der Scheibe unter dem Riemen hinweg zu verhindern, die Beziehung gelte: $T = te^{\mu\varphi}$, und daß die daraus berechnete Umfangskraft $U = T - t$ die übertragbare Umfangskraft darstelle.

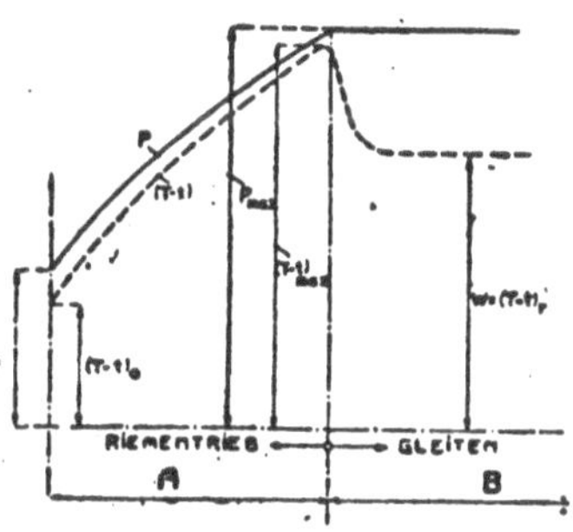

Bild 12.

Die Betriebszustände der Wirklichkeit (Bild 12) sind folgende:

Solange die Vorspannung des Riemens groß genug ist, um sichere Kraftübertragung ohne Gleiten der Scheibe unter dem Riemen hinweg zu erreichen, läßt sich der Spannungsunterschied $T-t$ bei der zu übertragenden Umfangskraft P vom Leerlaufwert $(T-t)_0$ entsprechend P_0 steigern bis zu einem oberen Grenzwert $(T-t)_{max}$ bei der Umfangskraft P_{max}, wobei wegen der Riemenverluste für jeden Betriebszustand der treibenden Scheibe die Beziehung besteht: $T - t = P\eta$, mit η gleich dem jeweiligen Wirkungsgrad des Riementriebes.

Bei Erreichung von P_{max} beginnt der Übergang auf den Gleitreibungszustand. Wirkt der größte Widerstand entsprechend P_{max} weiter, dann wird schließlich die Scheibe unter dem Riemen hinweggleiten und an der Berührungsfläche des Riemens eine Reibungskraft $W = (T-t)_r$ auftreten, wesentlich kleiner als die unmittelbar vor dem Gleiten übertragbare Umfangskraft P_{max}. Der Unterschied ist erfahrungsgemäß beträchtlich.

Im Bereiche A des Bildes 12 erfolgt somit sichere Kraftübertragung ohne Gleiten, während im Bereiche B die treibende Scheibe gleitet und ein ähnlicher Zustand erreicht wird wie bei einer Bandbremse. Nur für diesen Betriebszustand gilt die Beziehung $T = te^{\mu\varphi}$, wobei μ die Reibungszahl der gleitenden Reibung ist, während für jeden Zustand der ordnungsmäßigen

Kraftübertragung des Riementriebes die Beziehung $T = te^{\zeta\varphi}$ maßgebend ist, wobei ζ einen Betriebsfaktor darstellt, der die Haftfähigkeit des Riemens an der Scheibe oder die Mitnahmefähigkeit des Riemens, jedoch auch die elastischen Formänderungen der kleinen Unebenheiten an der Berührungsfläche unter Einfluß der jeweilig wirkenden Umfangskräfte kennzeichnet.

Über diese Einzelheiten ist schon zu Abs. 3 Wesentliches ausgeführt. Es muß hier nur nochmals hervorgehoben werden, daß in der Beziehung $dZ = \zeta dK$ der Zahnkräfte dZ und der Auflagedrücke dK die Betriebszahl ζ keine für alle Betriebszustände des Riemens gleichbleibende Größe ist, wie Herr Meyer irrtümlicherweise annimmt, sondern ein vom Leerlauf bis zur Vollbelastung des Riemens veränderlicher Wert.

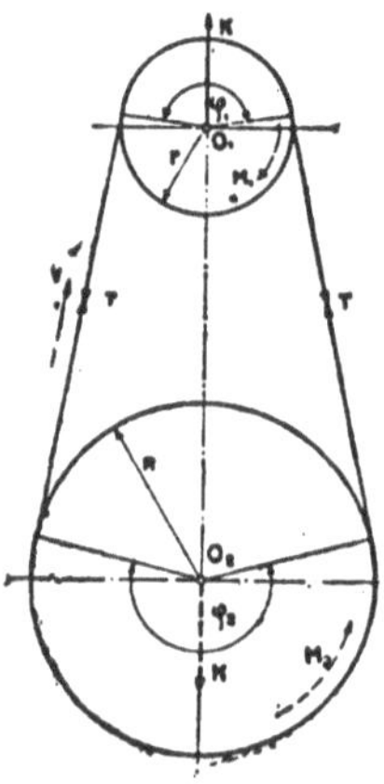

Bild 13.

Die Betriebszahl ζ muß auch für die treibende und die getriebene Scheibe des Riementriebs verschiedene Größe besitzen, wenn die Scheiben verschiedenen Durchmesser haben. Da für einen bestimmten Betriebszustand die Kraftverhältnisse an den Scheiben sich nur durch die verschiedenen Umschlingungswinkel φ_1 und φ_2 unterscheiden (Bild 13), so müssen die beiden Beziehungen

$T = te^{\zeta_1\varphi_1}$ für die treibende und

$T = te^{\zeta_2\varphi_2}$ für die getriebene Scheibe gelten,

wobei $\zeta_1 = \frac{dZ_1}{dK_1}$ und $\zeta_2 = \frac{dZ_2}{dK_2}$ die beiden Betriebszahlen für die treibende und die getriebene Scheibe bedeuten, welche für einen bestimmten Betriebszustand des Triebes als über den Umfang der betreffenden Berührungsfläche gleiche Größen anzusehen sind.

T und t sind die resultierenden Riemenspannungen an der treibenden und an der getriebenen Scheibe. Es muß daher auch die in meinem Buche (S. 83) angegebene Beziehung: $\zeta_1\varphi_1 = \zeta_2\varphi_2$ bestehen.

Man vergleiche mit diesen Ausführungen die Ergebnisse der Riementheorie des Herrn Meyer. Für den von ihm hervorgehobenen ‚Grenzfall', bei welchem die Reibung gerade noch ausreichen soll, ein Gleiten der Scheibe unter dem Riemen zu verhindern, müßten die Beziehungen $T = te^{\mu\varphi_1}$ und $T = te^{\mu\varphi_2}$ bestehen, was aber nur möglich wäre, wenn die Reibungszahlen an der treibenden und getriebenen Scheibe im umgekehrten Verhältnis zu den Umschlingungswinkeln ständen. Dafür ist aber kein Grund vorhanden, denn der Reibungszustand des Gleitens zwischen Riemen und Scheibe ist an beiden Scheiben ungefähr gleichartig.

Je weiter der Zustand ordnungsmäßiger Kraftübertragung vom Gleiten entfernt ist, um so sichrere und bessere Kraftübertragung ist möglich, und um so größer ist die übertragbare Umfangskraft.

Unrichtig ist auch die von Herrn Meyer angegebene Beziehung, daß die Umfangskraft gleich sei der Differenz der Riemenspannungen $T-t$. Diese Beziehung gilt nur für einen verlustfreien Riementrieb. Die Umfangskraft P der treibenden Scheibe kann beim praktischen Betrieb, wie ich S. 101 meines Buches nachgewiesen habe, nur gleich sein der Spannungsdifferenz $T-t$, dividiert durch den Wirkungsgrad η des Riementriebes.

Die Riementheorie von Grashof, auf die sich Herr Meyer beruft, ist nicht geeignet, seine Anschauungen zu stützen, weil diese Theorie auf willkürlichen Annahmen beruht, die den wirklichen Betriebszuständen widersprechen.

Nach der Grashofschen Riementheorie soll Kraftübertragung nicht stetig über den ganzen Umschlingungsbogen φ erfolgen, sondern nur über einen Teilwinkel α (Gleitbogen) hinweg, wo die kleineren Auflagekräfte wirken und Schlüpfen des Riemens eintritt, während auf dem anderen Teil, dem Ruhebogen β, wo die größten Drücke und Spannungen wirken, keine Kraft übertragen wird (Bild 11 S. 35).

Die Grashofsche ‚Theorie' müßte umgekehrt lauten: Dort, wo Gleitschlupf besteht, wird keine Kraft übertragen, und nur am Ruhebogen β, wo die größten Auflagedrücke herrschen, wird erhöhte Kraftübertragung eintreten müssen.

Wie sollen aber die beiden Teilwinkel α und β bestimmt werden? Herr Meyer nimmt einfach an, daß die von ihm angeschriebenen Gleichungen zur Berechnung von α dienen sollen. Er gibt aber nur zwei Gleichungen mit drei Unbekannten. Es fehlt noch eine Annahme über den Zusammenhang der Riemenspannungen mit den Auflagedrücken.

Über welchen Bogen sollen aber die Drücke wirksam sein? Nur über den Schlupfbogen α hinweg? wie dies nach der Theorie des Herrn Meyer folgen würde, oder nur am Ruhebogen β? oder aber über den ganzen Winkel φ? In Wirklichkeit sind die Spannungen selbstverständlich über den ganzen Winkel φ verteilt, und es ist nach den Gleichgewichtsbedingungen nur die Beziehung: $T+t=K \cdot \sin\left(\frac{\varphi}{2}\right)$ möglich, wobei K die resultierende Achsvorspannung ist.

Man hat somit nach der Theorie des Herrn Meyer folgende eigenartigen Zusammenhänge:

Die Riemenspannungen verteilen sich über den ganzen Winkel φ, die Kraftübertragung soll jedoch nur am Schlupfbogen α erfolgen, nicht aber über den sogenannten Ruhebogen β hinweg, wo die größten Auflagedrücke wirken und wo bei bester Haftung des Riemens sicherste Kraftübertragung möglich ist. Hier sollen sich auch die Riemenspannungen überhaupt nicht ändern, während sie sich gerade am Ruhebogen β wegen der dort herrschenden größten Normaldrücke und Umfangskräfte in besonders starkem Maße ändern müssen.

Es wäre sehr lehrreich gewesen, wenn Herr Meyer die Gleichgewichtsbedingungen der Kräfte nach seiner ‚Theorie' des Riementriebes angegeben hätte.

Es wird auch keinen wissenschaftlich und praktisch denkenden Ingenieur geben, der die von Herrn Meyer vertretene Grashofsche Theorie als maßgebend für die Kräftezusammenhänge bei Riementrieben ansehen wird.

Herr Meyer nennt eine Riementheorie, die nicht auf das Schlüpfen des Riemens Rücksicht nimmt, ein Unding, wenn bestimmte Aussagen über die Verteilung der Kräfte und Arbeitsverluste über den umspannten Bogen gemacht werden. Seine Ansichten zeigen, daß es anscheinend nicht leicht ist, sich die Kraftwirkungen beim Riementrieb richtig vorzustellen.

Die Darstellung des parallelläufigen Riementriebs in Bild 14 soll der Vorstellung zuhilfe kommen. Der Riemen ist als Spiralfeder gedacht; an den Scheiben bewirken dünne Zähne die Kraftübertragung. Dieser Riementrieb ist somit einem Zahnkettentrieb sehr ähnlich, die Spannungsverteilung der Feder gibt aber einen anschaulichen Vergleich mit einem gewöhnlichen Riementrieb. Unter der Einwirkung der Umfangskräfte biegen sich die dünnen Zähne, und die Riemenfeder wird deformiert. Aber erst wenn die Zähne sich bei zu großer Umfangskraft vollständig abbiegen, oder wenn sie brechen, wird die treibende Scheibe an den Federgliedern hinweggleiten und bleibender Schlupf eintreten, in welchem Falle, wie bei einer Bandbremse ein Reibungswiderstand wirkt, Kraft aber nicht mehr übertragen wird (vgl. hierzu auch Bild 12).

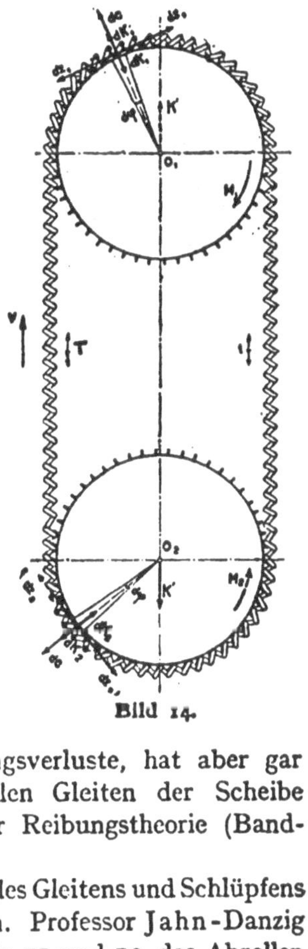

Bild 14.

Für die Untersuchung der Kraftübertragung beim Riementrieb kann somit unmöglich dieser Schlupfzustand der Gleitreibung maßgebend sein, sondern nur der Zustand, bei dem ordnungsmäßige Mitnahme des Riemens ohne tangentialen Gleitschlupf erfolgt.

Die durch die Riemenspannungen hervorgerufenen Längen- und Formänderungen erzeugen nur, wie dies auch Kammerer in seinen Veröffentlichungen hervorgehoben hat, einen scheinbaren Riemenschlupf', besser Formänderungsschlupf genannt (vgl. S. 59). Dieser erhöht wohl die Formänderungsverluste, hat aber gar nichts zu tun mit einem tangentialen Gleiten der Scheibe gegenüber dem Riemen im Sinne der Reibungstheorie (Bandbremse).

Ganz ähnliche Zustände bezüglich des Gleitens und Schlüpfens zeigen sich auch bei anderen Rolltrieben. Professor Jahn-Danzig hat in der Zeitschr. d. V. d. I. 1918, Nr. 11 und 13, das Abrollen eines Rades auf einer Schiene ähnlich behandelt. Als Zustand des reinen Rollens bezeichnet er den, bei welchem keine gegenseitige Bewegung zwischen Rollkreis und Schiene im Berührungspunkte beider eintritt. Im Gegensatz dazu wird das bleibende Schlüpfen, das Gleiten, hervorgehoben.

Außerdem wird der ‚scheinbare Schlupf' festgestellt, den die Umfangskraft beim Abrollen durch die Formänderungen erzeugt. Zur Erklärung der verschiedenen Betriebszustände werden auch die Spannungsänderungen der kleinen Oberflächenteilchen herangezogen, welche durch die wirkenden Kräfte abgebogen werden, beim Schlüpfen ausweichen usw., ähnlich wie ich dies in meinem Buche zur Erläuterung und Veranschaulichung der Kraftwirkungen getan habe.

Herr Meyer nennt aber eine solche Darstellung ‚primitiv' und ‚oberflächlich', obwohl ähnliche Darstellungsmethoden auch von Ingenieur-Theoretikern bei ihren wissenschaftlichen Arbeiten angewendet werden (z. B. von Prof. Dr. Gümbel in den Monatsheften des Berliner Bezirksvereins d. I. Jahrg. 1914, Nr. 5).

Die bei meinen Studien vorausgesetzte Ähnlichkeit des Riementriebes mit einer Bandbremse bezieht sich nur darauf, daß an der Auflagefläche des Riemens tangentiale Zahnkräfte dZ wirken, die ähnlich wie die Reibungskräfte dW bei einer Bandbremse die Spannungen von einem Werte t auf T stetig erhöhen. Nach meiner Annahme findet diese Erhöhung über den ganzen Umschlingungsbogen von der Ablaufstelle bis zur Anlaufstelle des Riemens statt, und nicht, wie Herr Meyer nach seiner Theorie annimmt, nur über einen Teil des Umschlingungsbogens.

Die einzige Annahme, die ich bei meinen Ableitungen gemacht habe, die aber nach allen Erfahrungen richtig ist, bezieht sich auf die Betriebszahl ζ, die für einen bestimmten Betriebszustand des Riementriebes das Verhältnis der Zahnkraft dZ zum Auflagedruck dK angibt und an jeder Stelle der Auflagefläche über den ganzen Umschlingungsbogen gleich groß ist. Diese Annahme ergibt ein stetiges Anwachsen der Spannungen von t auf T nach einer Exponentialfunktion, welcher Spannungsverlauf allen bisher ausgeführten Versuchen und Rechnungen entspricht.

Die Gleichgewichtsbedingungen und Kräftebeziehungen sind in meinem Buche für die treibende und getriebene Riementriebhälfte folgerichtig entwickelt. Nirgends ist eine willkürliche Annahme benutzt, sondern nur auf Erfahrungen beruhende, den wirklichen Betriebszuständen entsprechende Voraussetzungen.

14. Einfluß der Fliehkräfte.

Abs. 14 des Meyerschen Gutachtens:

Die Fliehkraft entlastet jedes Riemenelement um den Betrag dC, so daß die Auflagekraft von dK auf $dK_1 = dK - dC$ abnimmt. Bei der Berücksichtigung der Fliehkraft setzt nun der Verfasser die Tangentialkraft nicht proportional der Auflagekraft dK_1, sondern setzt sie $dZ = \zeta dK = \zeta(dK_1 + dC)$, macht also die unsinnige Annahme, daß das Riemenelement die gleiche Tangentialkraft überträgt, wenn es durch die Fliehkraft dC gerade völlig entlastet, ohne Druck auf der Scheibe liegt, wie wenn es mit der vollen Kraft dK auf die Scheibe wirkt! Seine Formeln 183 und 184, die infolgedessen mit den üblichen Formeln der Riementheorie (z. B. in Bach, Maschinenelemente) in Widerspruch stehen, ergeben dadurch das ebenfalls unsinnige Ergebnis, daß bei einem Riementrieb, dessen gezogenes Trum infolge großer Triebkraft keinen Druck auf die Scheibe mehr ausübt, das ziehende Trum doch noch eine beträchtliche Pressung und Umfangskraft auf die Scheibe übertragen kann!

Widerlegung zu Abs. 14:

Herr Meyer macht über die Wirkung der Fliehkräfte beim Riementrieb falsche Annahmen und vernachlässigt die entscheidende große Vorspannung, mit der jeder raschlaufende Riemen betrieben werden muß; er übersieht zudem, daß die Fliehkräfte bei ordnungsmäßiger Kraftübertragung nichts mit der Riemenspannung zu tun haben, daß sie die Beziehung $dZ = \zeta dK$ für das Riemenelement nicht beeinflussen können, sondern nur den Auflagedruck zwischen Riemen und Scheibe.

Bild 14 (S. 41) zeigt den parallelläufigen Riementrieb mit einer Feder als Riemen. Würde diese Riemenfeder ohne Vorspannung aufliegen, dann würden die Fliehkräfte Federspannungen hervorrufen, die mit wachsender Fliehkraft zunehmen.

Ist aber die Feder mit Vorspannung über die Scheibe gezogen, wie dies für ordnungsmäßige Kraftübertragung beim Riementrieb nötig ist, dann können die Fliehkräfte so lange die Federspannung nicht ändern, bis sie die der Vorspannung entsprechenden Auflagedrücke der Größe nach erreichen und aufheben. Bis dahin wird sich der Spannungszustand der Riemenfeder durch die Fliehkräfte nicht ändern, welche nur die Auflagekräfte zwischen Feder und Scheibe entsprechend verkleinern (vgl. hierzu Bild 9 S. 22). Es müssen somit vorher dieselben Beziehungen zwischen den Spannungen T und t bestehen wie ohne Berücksichtigung der Fliehkräfte.

Auf S. 77 u. f. meines Buches sind zunächst die Kräftebeziehungen für den treibenden Riementeil unter Berücksichtigung der Fliehkräfte abgeleitet; dabei ergibt sich dieselbe Beziehung: $T = te^{\zeta_1 \varphi_1}$ wie bei Betrieb ohne Fliehkräfte. Es muß dann der Zahlenfaktor ζ_1 das Verhältnis der Zahnkraft dZ_1 zu der durch die Vorspannung gegebenen elementaren Gesamtnormalkraft $dK_1' = dK_1 + dC$ sein, die für die Erzeugung der Riemenspannungen maßgebend ist, und nicht, wie Herr Meyer irrtümlicherweise annimmt, nur die übrigbleibende Auflagekraft $dK_1 = dK_1' - dC$.

Die auf S. 78 meines Buchs entwickelten Gleichungen 183 und 184, welche die spezifischen Auflagepressungen an den Stellen der kleinsten und größten Riemenspannung angeben, sind daher vollständig richtig; sie stehen in keiner Weise in Widerspruch mit ‚grundlegenden Lehrsätzen'. Sie können auch mit üblichen Formeln der Riementheorie (z. B. in Bach, Maschinenelemente) nicht in Widerspruch stehen, weil solche Formeln in diesem Zusammenhange vor dem Erscheinen meines Buchs nirgends veröffentlicht worden sind.

Die von mir abgeleiteten Beziehungen gelten aber nur unter bestimmten Voraussetzungen, die ausdrücklich angegeben sind, nämlich nur für den Zustand der Riemenmitnahme, also für ausreichend große Vorspannung des Riemens. Die Beziehungen gelten nicht für andere Zustände, also nicht für den Zustand, wo die Fliehkräfte den Riemen vollständig entlasten, und auch nicht für den Zustand, wo durch zu großes Anwachsen der Umfangskräfte die Scheibe unter dem Riemen hinweg abgleitet.

Solange die Auflagedrücke ausreichend groß sind, um die Umfangskräfte sicher zu übertragen, wird die durch die Fliehkräfte bewirkte Entlastung an der Auflagestelle die Formänderungsverluste verringern und muß der Wirkungsgrad des Riementriebs günstiger werden. Dies wird durch die Erfahrungen und die Versuche von Kammerer voll bestätigt.

Herr Meyer benutzt die von mir abgeleiteten Beziehungen nicht für die Betriebszustände, für die sie gelten, sondern für andere Zustände, für den Gleitzustand, bei dem der Trieb zur Bremse wird, für welche die angegebenen Beziehungen nicht gelten können, und kommt dadurch zu sinnlosen Schlußfolgerungen.

15. Theoretische Künsteleien.

Abs. 15 des Meyerschen Gutachtens:

Vor weiterem Eingehen auf die **unheilvollen Folgen** des Ansatzes $dZ = \zeta dK$ wurde, zunächst ohne Berücksichtigung der Fliehkraft, gezeigt, wie der Verfasser mit diesem Ansatz den Wirkungsgrad des Riementriebes berechnet. Er benutzt dazu das schon im ersten Teil des Gutachtens besprochene Formänderungsmoment $f\,dK$, das er an jedem Scheibenelement anbringt, setzt aber den »Wälzarm« f selbst wieder veränderlich, indem er behauptet (S. 72), daß gemäß dem Gesetz $T = te^{\zeta\varphi}$ »mit größter Wahrscheinlichkeit« auch $f = f_t e^{\zeta\varphi}$ gesetzt werden könne, worin f_t der Wälzarm an der Ablaufstelle des Riemens ist. Da nach dem Gesetz $T = te^{\zeta\varphi}$ auch $dK = dk_t e^{\zeta\varphi}$ sich ergibt (dK_t Auflagedruck an der Ablaufstelle), so läßt sich sein Ansatz auch schreiben: Formänderungsmoment $= \frac{f_t}{dK_t} dK^2$; er setzt also das Formänderungsmoment jetzt proportional dem Quadrat des Auflagedruckes. Hieraus berechnet er durch Integration über den umspannten Bogen das gesamte an der Scheibe wirkende Formänderungsmoment, das nach Formel 176 (S. 76) $= \frac{f_T - f_t}{2} (T + t)$ wird, das sich aber auch $= \frac{f_t}{2\zeta t} (T + t) T - t$ schreiben läßt*. Nun setzt er einfach den Ausdruck $\frac{f_T - f_t}{2} = \frac{f_t}{2t} (T - t$ gleich einem mittleren resultierenden Wälzarm« $f_t \cdot (T + t) = f_t \frac{K}{\sin\left(\frac{\varphi}{2}\right)}$ (K Achsdruck der Riemenscheibe). Mit **staunenswerter Leichtigkeit** kommt also der Verfasser von dem ursprünglichen Ansatz: Formänderungsmoment proportional der Auflagekraft über den Ansatz: Formänderungsmoment proportional dem Quadrat der Auflagekraft zu dem freilich sehr einfachen Ansatz: Formänderungsmoment proportional der mittleren Auflagekraft, indem er bei der zweiten Verwandlung ohne jede Begründung die veränderlichen Größen $T - t$ und ζ in dem nichtssagenden Koeffizienten f verschwinden läßt. Die **große Oberflächlichkeit** dieses Verfahrens wird besonders klar bei der Überlegung, daß für einen gegebenen Riementrieb mit gegebener Drehzahl zwar der vom Verfasser in dem letzten Ansatz berücksichtigte Achsdruck zwischen Vollbelastung und Leerlauf nahezu unveränderlich bleibt, aber die in dem Koeffizienten verschwundenen Größen $T - t$ und ζ hierbei stark veränderlich sind!

Widerlegung zu Abs. 15:

Herr Meyer irrt, wenn er glaubt, der richtige Ansatz einer Rechnung lasse sich durch rechnerische Umformungen und theoretische Deutungen in einen Unsinn umwandeln.

Die Beziehung: Formänderungsmoment $= \frac{f_t}{dK_t} . dK^2$ besagt nicht etwa, daß das Formänderungsmoment dem Quadrate der Auflagekraft proportional sei, sondern nur, daß es der Auf-

* $\frac{f_T - f_t}{2\zeta} (T + t) = \frac{f_t}{2\zeta t} (T - t) (T + t)$

lagekraft einfach proportional ist; denn im Nenner der rechten Seite der Gleichung steht eine Normalkraft in der ersten Potenz.

Weil dK_t gleich ist einem Zahlenfaktor $\frac{1}{e^{\zeta\varphi}}$ mal dK, so erhält man auch: Formänderungsmoment $= f_t e^{\zeta\varphi} dK$, also nur eine lineare Abhängigkeit vom Auflagedruck.

Nicht mit ‚staunenswerter Leichtigkeit' komme ich deshalb von dem ursprünglichen Ansatz: ‚Formänderungsmoment proportional der Auflagekraft' auf den sehr einfachen Ansatz: ‚Formänderungsmoment proportional der mittleren Auflagekraft', sondern auf Grund einer einfachen zwingenden Überlegung.

Herr Meyer nennt den Wälzarm f einen ‚nichtssagenden Koeffizienten. Er hätte nur hinzufügen müssen, daß diese Größe ihm nichts sagt, während sie für jeden sachkundigen Fachmann der Ausdruck für die Größe der Formänderungsverluste beim Abwälzen zweier Körper ist.

16. Abschätzung des Wälzarms (Riementrieb).

Abs. 16 des Meyerschen Gutachtens:

Durch die Fliehkraft wird der Achsdruck K nach den Formeln des Verfassers um den Betrag C auf den Wert $K - C$ vermindert. Dadurch gelangt er unter Berücksichtigung der Fliehkraft zu dem unsinnigen Ansatz: Formänderungsmoment $= f\frac{K - C}{\sin\frac{\varphi}{2}} = \frac{K - \varrho v^2}{\sin\frac{\varphi}{2}}$ (ϱ von v unabhängiger Faktor, v Geschwindigkeit des Riemens), aus dem bei unveränderlichem oder wenig veränderlichem f folgen würde, daß die Widerstände des Riementriebes mit wachsender Geschwindigkeit stark abnehmen und für die Geschwindigkeit, bei der nach den Formeln des Verfassers der Riemen an der Ablaufstelle gerade ohne Druck auf der Scheibe liegt, sogar gleich Null werden! Der Wirkungsgrad des Riementriebes würde also mit der Geschwindigkeit stark zunehmen und im letzteren Falle gleich 1 werden!

Der Verfasser hat wohl selbst gefühlt, daß hier Widersprüche vorliegen und hat auf den Seiten 93 und 99 versucht, die Größe des Wälzmomentes und des Wälzarmes auf Grund der Formeln der Festigkeitslehre aus den Formänderungsarbeiten zu berechnen, die zum Aufbiegen des Riemens auf die Scheibe (erstes Glied der Gleichung 281), zum Zusammendrücken in der Dickenrichtung durch die Auflagekräfte (zweites Glied) und zur Dehnung und Stauchung durch den Spannkraftunterschied $T - t$ (drittes Glied) aufzuwenden sind und bei unvollkommener Elastizität des Riemens zum Teil verloren gehen. Der Verlust wird mittels dreier Koeffizienten τ_1, τ_2, τ_3 proportional der Formänderungsarbeit gesetzt. Berücksichtigt er noch symbolisch weitere Verluste durch Schlupf, Luftwiderstand usw. in der Verlustarbeit A_v, so lautet seine Gleichung 281 (S. 98):

Formänderungsmoment $= \tau_1 \frac{JE}{R} + \tau_2 \frac{K^2 \delta}{RbE} + \tau_3 \frac{P^2 R}{b\delta E} + \Sigma\left(\frac{A_v}{d\varphi}\right)$ (J Trägheitsmoment, δ Dicke, b Breite, E Elastizitätsmodul des Riemens, R Scheibenhalbmesser, K Achsdruck bei der Geschwindigkeit 0, P Umfangskraft).

Das erste Glied ist also unabhängig von K und P, das zweite sicherlich sehr kleine, zudem fehlerhaft berechnete Glied proportional K^2, das dritte proportional P^2, der Scheibenhalbmesser kommt teils im Nenner, teils im Zähler vor. Eine Berechnung des Formänderungsmomentes ist aber damit keineswegs gegeben, denn wie sich die Koeffizienten τ_1, τ_2, τ_3 mit R, K, P und v ändern, und wie groß sie sind, ist völlig unbekannt, und das vierte Glied $\Sigma \frac{A_v}{d\varphi}$, das jedenfalls sehr viel größer ist als das zweite und das dritte Glied, ist nur symbolisch angeschrieben. Wie aber der Verfasser, wenn er die in der Formel 281 gefundene Abhängigkeit des Formänderungsmomentes von den maßgebenden Größen für begründet hält, seinen Ansatz Formänderungsmoment $= f \frac{K-C}{\sin\frac{\varphi}{2}}$ (also stark abnehmend mit wachsender Geschwindigkeit) und die daraus abgeleiteten Formeln 262 bis 264 für den Wirkungsgrad aufrecht erhalten mag, ist ganz unerfindlich. Für $K = C$, also bei der Geschwindigkeit, bei der infolge der Fliehkraft die Pressung zwischen Riemen und Scheibe Null wird, wird nach Gleichung 281 sein mittlerer Wälzarm f unendlich groß. Trotzdem bespricht er auf S. 92 und 93 die Wirkungsgradformeln 262 bis 264 ganz so, wie wenn der Wälzarm f_1 in erster Annäherung konstant wäre. Erst in Absatz 5 (S. 93) erklärt er den Wälzarm als von den wirkenden Kräften und der Geschwindigkeit abhängig und charakterisiert selbst am besten die vollkommene Wertlosigkeit seiner Wirkungsgradformeln 262 bis 264 durch den ihn vortrefflich kennzeichnenden Satz: »Die unter 4 angeführte Abhängigkeit des Wirkungsgrades von den Größen KP und v könnte somit durch die zunächst noch unbekannte Art der Abhängigkeit des Wälzarmes f_1 von den genannten Größen abgeschwächt oder gar ins Gegenteil gekehrt werden«, ohne aber daraus den Schluß zu ziehen, daß Formeln, die sich auf einen so unbestimmten Wälzarm gründen, am besten unveröffentlicht blieben. Man vergleiche mit dieser Sachlage den anspruchsvollen Satz des Vorworts: »Auf diese Weise gelingt es, die Kraftverhältnisse und Wirkungsgrade selbst solcher Triebwerke, die einer rechnerischen Behandlung wenig zugänglich sind, wie z. B. der Riemen- und Zahntriebe, in verhältnismäßig einfacher Weise zu bestimmen.« Wie kann sich der Verfasser erlauben, die Zurückführung des Wirkungsgrades auf einen ganz unbekannten, stark veränderlichen Wälzarm oder auf vier ganz unbekannte Größen τ_1, τ_2, τ_3 und A_v als eine »Bestimmung« desselben zu bezeichnen!

Auf eine große Flüchtigkeit, die dem Verfasser bei der weiteren Behandlung seiner Formel 281 begegnet ist, muß noch kurz hingewiesen werden. Er setzt die Biegungsspannung σ_b, die der Riemen beim Umbiegen über die Scheibe, und die Zugspannung σ_z, die er durch die Umfangskraft P erleidet, in diese Formel ein. Man überlege sich, daß σ_b für verschiedene Riemen und Scheiben abhängig von Riemenmaterial, -querschnitt und Scheibenhalbmesser, bei gleichem Riemen und gleicher Scheibe aber unveränderlich ist, während die Größe σ_z proportional der gegebenen Umfangskraft P und z. B. im Leerlauf nahezu gleich Null ist. Trotzdem setzt der Verfasser »der Einfachheit halber« (S. 99) $\sigma_z = \sigma_b$. Die auf diese »einfache Weise« entstandene Formel 262 gibt natürlich die Abhängigkeit des Wälzarmes von P und R in ganz falscher Weise wieder. Bezeichnend ist es, daß er trotzdem aus dieser

Formel Schlüsse für die Praxis zieht und daß er trotz all der hier dargelegten Widersinnigkeiten in seinen zahlreichen Formeln behauptet (S. 100): »Die von Kammerer ausgeführten Versuche .... bestätigen die hier gefundenen Ergebnisse in ausreichend übereinstimmender Weise.«

Widerlegung zu Abs. 16:

Herr Meyer kommt wieder zu durchaus falschen Schlußfolgerungen aus seinen unzutreffenden Annahmen:

Die einfachen rechnerischen Kräftebeziehungen, in denen die Formänderungsverluste allein durch den Wälzarm f ihren rechnungsmäßigen Ausdruck finden, können erst richtig beurteilt und verwendet werden, wenn die Abhängigkeit des Wälzarms f von den maßgebenden Faktoren bekannt ist. Wie ich in meinem Buche wiederholt hervorgehoben habe, kann diese Abhängigkeit des Wälzarmes f nur durch Versuche für verschiedene Betriebszustände einwandfrei bestimmt werden.

Um aber die vielseitigen Abhängigkeiten des Wälzarmes f dem Studierenden und dem Fachmanne eindringlich zu zeigen, habe ich auf S. 93—99 meines Buches versucht, diese Abhängigkeiten durch rechnungsmäßige Überlegungen ungefähr festzustellen. Dabei habe ich, wie dies bei solchen überschläglichen Berechnungen allgemein üblich ist, zur Vereinfachung der Überlegungen annähernde Rechnungszusammenhänge benutzt und Kürzungen vorgenommen, um klaren und einfachen Ausdruck zu finden.

Herr Meyer behauptet, daß das zweite Glied der Gleichung 281 S. 98 fehlerhaft berechnet sei, ohne hierfür den Beweis zu erbringen. Seine Behauptung ist unrichtig.

In dem durch die annähernde Berechnung ermittelten Ausdruck für den Wälzarm f sind die unbekannten elastischen Nachwirkungen des Riemens durch die Faktoren τ_1, τ_2 und τ_3 gewertet, die der Rechnung nur schwer zugänglichen Arbeitsverluste durch Luftwiderstand, scheinbaren Schlupf u. a. durch den Ausdruck A_v. Eine solche zusammenfassende Wertung ist zulässig bei einer überschläglichen Berechnung, die nur einen Überblick über die vielseitigen Abhängigkeiten des Wälzarms f geben soll, nicht aber eine genaue Berechnung des Wälzarmes bezweckt.

Es ist auch ohne jede Bedeutung, daß ich zur Vereinfachung des Rechnungsausdrucks für den Wälzarm f die Biegungsspannung σ_b der Zugspannung σ_z gleichgesetzt habe. Die Ausdrücke für σ_b und σ_z sind in meinem Buche angegeben, und jeder Fachmann ist in der Lage, die genauere Formel zu benutzen. Die Behauptung des Herrn Meyer, ich hätte aus dieser Vereinfachung falsche Schlußfolgerungen gezogen, ist unzutreffend.

Ich habe vielmehr aus dem so erhaltenen Rechnungsausdruck für den Wälzarm nur die Schlußfolgerungen gezogen, die ohne weiteres sicher gezogen werden können, während ich bei allen anderen Abhängigkeiten auf den praktischen Versuch verweise, insbesondere was die Abhängigkeit von der Größe der Vorspannung, Umfangskraft und Geschwindigkeit und von den elastischen Eigenschaften betrifft. Der Versuch allein kann zuverlässigen Aufschluß geben.

Für die Schlußfolgerungen, welche Herr Meyer aus dem von mir abgeleiteten annähernden Rechnungsausdruck des Wälzarms f zieht, ist er allein verantwortlich. Ich habe schon nachgewiesen, daß er meine Gleichungen für völlig geänderte Zustände beurteilt, die nicht mehr Betriebszustände sind, bei denen der Betrieb versagt und für die die Gleichungen nach den angegebenen Voraussetzungen nicht angewendet werden können. Dasselbe wiederholt er hier.

Herr Meyer findet, daß Formeln, die sich auf einen unbestimmten Wälzarm f gründen, am besten unveröffentlicht bleiben. Er hätte dann aber auch folgern müssen, daß alle Reibungsformeln, die sich auf eine ähnlich dem Wälzarm f zumeist unbestimmte Reibungszahl μ stützen, aus der Literatur zu streichen sind.

Die Reibungsformeln werden jedoch allgemein benutzt, allerdings vielfach in der irrigen Auffassung, daß die Reibungszahl μ eine konstante, nur von der Materialbeschaffenheit der Reibkörper abhängige Größe sei, während sie in Wirklichkeit in sehr veränderlicher und zumeist gänzlich unbestimmter Weise von einer großen Zahl von Faktoren abhängig ist.

Streng genommen darf eine Reibungszahl μ nur zur Berechnung solcher Betriebsverhältnisse angewendet werden, für welche sie durch Versuche bestimmt worden ist. Ähnliches gilt für den Wälzarm f. Trotzdem er von vielen Faktoren beeinflußt wird, kann er doch mit Hilfe der in meinem Buche abgeleiteten Beziehungen zur Berechnung von Rolltriebwerken benutzt werden, wenn er für bestimmte Betriebsverhältnisse durch Versuche einwandfrei ermittelt ist und damit gleichzeitig die ihn beeinflussenden Faktoren richtig mitgewertet sind.

Das ist um so mehr beim Riementrieb zulässig, als bei ihm, wie übrigens bei den meisten Wälztrieben, die Verluste in sehr mäßigen Grenzen bleiben und im Durchschnitt nur etwa 3% betragen. Für bestimmte Betriebsverhältnisse kann daher mit einem mittleren gleichbleibenden Wälzarm gerechnet werden, wenn er durch Versuche unter ähnlichen Betriebsverhältnissen bestimmt ist. Es ist aber nicht zulässig, einen Wälzarm f, der aus Versuchen mit Rollwalzen ermittelt wurde, zur Berechnung von Riementrieben zu verwenden, und selbst ein Wälzarm f, der durch Riemenversuche bestimmt wurde, darf nicht allgemein zur Berechnung von Riementrieben benutzt werden, sondern es ist eine weitgehende Unterteilung erforderlich nach Art des Triebes, der Riemenbeschaffenheit, der Umfangskräfte (Größe der Belastung, ob Leerlauf oder Vollbelastung), der Geschwindigkeit usw.

Bisher sind leider keine Versuche ausgeführt worden, die eine einwandfreie Bestimmung des Wälzarms f zulassen. Auch die Riemenversuche von Kammerer reichen hierzu nicht aus, weil bei ihnen, wie ich schon in meinem Buche S. 100 ausgeführt habe, zumeist zwei Betriebsgrößen verändert wurden und deshalb die Abhängigkeit des Wälzarms von jeder einzelnen Größe nicht bestimmt werden kann.

17. Klemmseiltrieb

Abs. 17 des Meyerschen Gutachtens:

Bei der Anwendung seiner Riementheorie auf Seiltriebe mit Rillenscheiben findet der Verfasser das für seinen Wälzarm vernichtende Ergebnis, das ich in seinen eigenen Worten anführe: »Danach würde die Klemmung des Seiles unter sonst gleichen Umständen .... eine Verkleinerung des Wälzarmes und somit eine Verbesserung des Wirkungsgrades gegenüber Seiltrieben mit ungeklemmtem Seil zur Folge haben.« Statt vernünftigerweise einen Ansatz zu verlassen, nach dem das Klemmen des Seiles dessen Formänderungsverluste verringert (!), geht er darüber hinweg mit den Worten: »Wie sehr aber andererseits die durch die Seilklemmung vergrößerte Formänderungsarbeit den Wirkungsgrad verschlechtert, welcher Art somit der tatsächliche Einfluß der Seilklemmung auf den Wirkungsgrad ist, das kann nur durch praktische Versuche bestimmt werden.«

Widerlegung zu Abs. 17:

Das von Herrn Meyer gefundene ‚vernichtende Ergebnis' ist die Feststellung des durch die Klemmwirkung bedingten selbstverständlichen und unvermeidlichen Zusammenhangs. Ähnlich wie bei Bremsen mit Keilbacken die Reibungswirkung im Verhältnis des Sinus des Keilwinkels zunimmt, verstärkt sich beim Klemmseiltrieb die Haftung des Seils an der Scheibe, also die Kraftübertragungsfähigkeit, so daß mit einer resultierenden Haftzahl $\zeta' = \frac{\zeta}{\sin \beta}$ zu rechnen ist.

Aus Gleichung 285 S. 101 meines Buches geht rechnerisch hervor, daß mit wachsendem ζ unter sonst gleichen Umständen der Wirkungsgrad η zunehmen muß. Der mit dem Wirkungsgrad zusammenhängende Wälzarm f ist hier nicht der übliche Hebelarm des Formänderungsmoments, sondern, wie aus Gleichung 339 S. 117 und Gleichung 177 S. 76 meines Buchs hervorgeht, ein mittlerer resultierender Wälzarm, der mit der Haftzahl ζ abnimmt. Das hat mit den einzelnen Formänderungen an den Klemmstellen unmittelbar nichts zu tun.

Meine Ausführungen zum Klemmseiltrieb sind daher vollständig richtig. Herr Meyer hat Einzelheiten meiner Ausführungen aus ihrem Zusammenhang mit anderen Überlegungen gerissen und ist dadurch, wie früher, zu seinen falschen Schlußfolgerungen gekommen.

18. Abhängigkeit der Haftfähigkeit.

Abs. 18 des Meyerschen Gutachtens:

Nach diesen Proben kann die Riementheorie des Verfassers nicht ernst genommen werden, und es könnte als überflüssig erscheinen, noch weiter auf sie einzugehen. Zur vollen Kennzeichnung des Buches und des Geistes, in dem der Verfasser es geschrieben hat, muß ich aber noch auf einen Ansatz zurückkommen, daß die Zahnkraft dZ, die das Riemenelement auf die Scheibe überträgt, proportional der Auflagekraft dK ist: $dZ = \zeta dK$. Was bedeutet die Größe ζ, ist sie konstant oder veränderlich? Der Verfasser spricht sich zunächst darüber nicht aus, nennt sie nur einen »Zahlenfaktor«, erwähnt dann aber auf S. 83, daß ζ ein »besonders von der elastischen Beschaffenheit des Riemens und der Scheibe abhängiger Zahlenfaktor« sei. Wenige Zeilen darunter gibt er für die treibende Scheibe 1 und die getriebene Scheibe 2 die Beziehung an: $\zeta_2 \varphi_2 = \zeta_1 \varphi_1$ (Gleichung 213). Hiernach ist also ζ_2 für die getriebene Scheibe durch das zufällige Verhältnis der Umschlingungswinkel und durch ζ_1 gegeben und kann für die getriebene Scheibe somit nicht mehr »besonders von der elastischen Beschaffenheit von Riemen und Scheibe« abhängen. Wie ist es nun in Wirklichkeit? Bei Vernachlässigung der Riemenverluste ist ζ von der Beschaffenheit von Riemen und Scheibe überhaupt nicht abhängig, sondern durch die Umfangskraft P, den Achsdruck K und den Umschlingungswinkel φ vollständig bestimmt durch die Gleichungen

$$P = T - t = t\,(e^{\zeta\varphi} - 1) \text{ und } T + t = t\,(e^{\zeta\varphi} + 1) = \frac{K}{\sin\frac{\varphi}{2}},$$

woraus sich ergibt:

$$\zeta = \frac{1}{\varphi} \ln \frac{\frac{K}{\sin\frac{\varphi}{2}} + P}{\frac{K}{\sin\frac{\varphi}{2}} - P}.$$

Wenn man die Arbeitsverluste nach den Ansätzen des Verfassers durch das Formänderungsmoment berücksichtigt, so tritt an Stelle der ersten Gleichung für P die Gleichung $P = t\,(e^{\zeta\varphi} - 1) + \frac{f_t t}{2\zeta R}\,(e^{2\zeta\varphi} - 1)$. Nur in der Größe f_t, die selbst wieder von den Belastungsverhältnissen des gezogenen Trums abhängt, kommt dann auch der Einfluß des Riemen- und Scheibenmaterials in etwas zur Geltung, daneben bleibt aber ζ vor allem von der zu übertragenden Kraft, von K und von φ abhängig. Auch an diesem Beispiel sieht man, wie verfehlt eine Theorie ist, bei der ein grundlegender Zahlenfaktor, der zudem einem ganz willkürlichen und fehlerhaften Ansatz ($dZ = \zeta dK$) sein Dasein verdankt, in so verwickelter Weise sich ausdrückt.

Der Verfasser kommt selbst auf S. 101 zu einer den vorhergehenden Gleichungen entsprechenden Formel 285, indem er das Spannungsverhältnis $T:t$ in dem Achsdruck K, der Umfangskraft P und dem Wirkungsgrad η ausdrückt. Er spricht aber nirgends aus, daß also ζ »besonders« von PK und φ abhängt und sich insbesondere mit der Umfangskraft P stark ändert, sondern bemerkt nur, daß »auch die Zahlenfaktoren ζ_1 und ζ_2 vom Wirkungsgrad abhängig sind«.

Trotzdem er an dieser Formel die wirkliche Bedeutung von ζ hätte ersehen können, wiederholt er im Abschnitt IV über Seiltriebe die Behauptung, ζ sei »ein besonders von der elastischen Beschaffenheit des Seiles abhängiger Zahlenfaktor«, und in diesem Abschnitt scheint ihm tatsächlich vorzuschweben, daß ζ sonst nahezu konstant sei. Anders läßt sich wenigstens nicht erklären, wieso er an die Ungereimtheiten glaubt, die er hier dem Leser auftischt.

Widerlegung zu Abs. 18:

Herr Meyer beurteilt in Unkenntnis der Bedingungen und Erfahrungen der praktischen Betriebe die maßgebenden Verluste unrichtig.

Die Abhängigkeit der die Haftfähigkeit des Riemens kennzeichnenden Betriebsgröße ζ von den maßgebenden Faktoren ist schon zu Abs. 13 ausführlich angegeben. Es ist dort nachgewiesen, daß bei einem Riementriebe mit verschiedenen Umspannungswinkeln φ_1 und φ_2 der Scheiben (Bild 13) die Beziehung $\zeta_2\varphi_2 = \zeta_1\varphi_1$ bestehen muß, weil die Formänderungsverluste im wesentlichen von den Formänderungen des Riemens abhängen und die beanspruchenden Zahn- und Normalkräfte nur durch die Verschiedenheit der beiden Umspannungswinkel φ_1 und φ_2 an den beiden Scheiben verschiedene Größe und Verteilung zeigen.

Sind daher ζ_1, φ_1 und φ_2 bekannt, dann ist durch die Beziehung $\zeta_2\varphi_2 = \zeta_1\varphi_1$ auch ζ_2 gegeben. Aber auch dann ist ζ_2 selbstverständlich abhängig insbesondere von der elastischen Beschaffenheit des Riemens, weil die elastischen Einflüsse und die Formänderungen des Riemens auch in der Größe ζ_1 gewertet sind.

Herr Meyer kommt durch seine theoretischen Überlegungen zu dem Ergebnis, daß die Betriebsgröße ζ bei Vernachlässigung der Riemenverluste von der Beschaffenheit des Riemens und der Scheibe überhaupt nicht abhängig sei, sondern nur durch die Umfangskraft, den Achsdruck und den Umschlingungswinkel bestimmt werde. Ich glaubte von einer solchen Feststellung absehen zu können, weil ich annahm, daß es für jeden Fachmann selbstverständlich sei, daß bei Vernachlässigung der Riemenverluste die elastische Beschaffenheit des Riemens keinen Einfluß mehr besitzt. Denn dann hat man es mit einem vollkommen elastischen Riemen ohne Formänderungsverluste zu tun, während ich ausdrücklich die Formänderungseinflüsse berücksichtige.

Herr Meyer zeigt durch seine Ausführungen, daß die maßgebenden sachlichen Beziehungen für Fachleute ohne ausreichende praktische Betriebserfahrung auf dem schwierigen Gebiete der Rolltriebe nicht genügend verständlich sind. Die Betriebsgrößen f und ζ lassen sich eben in ihrer Abhängigkeit von den maßgebenden Faktoren nur durch etwas verwickelte Beziehungen ausdrücken, und die vielseitigen Formänderungseinflüsse werden bei Riemen- und Seiltrieben kaum durch einfachere Gleichungen feststellbar sein.

19. Seilrolle und Lasttrommel.

Abs. 19 des Meyerschen Gutachtens:

Bei einer gut gelagerten, frei drehbaren Trommel, über die ein Seil mehrfach geschlungen ist, das am einen Ende die treibende Last T, am anderen Ende die getriebene Last t trägt, und die im Sinne der Theorie eine feste Rolle mit mehrfacher Umschlingung bildet, sind die Bewegungswiderstände $T - t$ sehr klein und außer von der Lagerreibung im wesentlichen nur von der »Seilsteifigkeit« des auflaufenden und ablaufenden Endes bedingt; der »Ruhebogen«, auf dem sich das Seil gegenüber der Rolle nicht bewegt und daher auch keine Bewegungswiderstände ausüben kann, ist jedenfalls sehr groß und nimmt mit der Zahl der Umschlingungen entsprechend zu. Die Zahl der Umschlingungen ist daher für den Wirkungsgrad, insofern er von den Seilwiderständen herrührt, über einen gewissen Betrag hinaus ziemlich gleichgültig, und der Unterschied $T - t$ kann vernünftigerweise mit der Zahl der Umschlingungen nicht in Beziehung gebracht werden. Trotzdem macht der Verfasser auch hier den Ansatz $T = te^{\zeta\varphi}$ und findet damit die Formel 300 für den Wirkungsgrad: $\eta = \frac{1}{e^{\zeta\varphi}}$. Nach dieser Formel nimmt also (allerdings nur wenn man ζ als unveränderlich und nicht als mit φ unbegrenzt abnehmend ansieht) der Wirkungsgrad einer solchen Trommel mit dem Umschlingungswinkel unbegrenzt ab. Der Verfasser zieht selbst diesen Schluß mit den Worten: »Der Wirkungsgrad würde danach mit der Größe des Umschlingungswinkels abnehmen und in der Grenze für $\varphi = \infty$ (unendlich viele Umschlingungen) den Wert 0 erreichen«, ohne sich an der Widersinnigkeit dieses Ergebnisses zu stoßen, aus dem er vielmehr den ebenso widersinnigen Schluß zieht, daß der Wälzarm mit der Zahl der Umschlingungen zunimmt und in der Grenze gleich dem Rollenhalbmesser wird! Diese seine Erkenntnis benutzt er dann nochmals auf Seite 114. Bei der losen Rolle nimmt nach der Wirkungsgradformel 309 des Verfassers und nach seiner Besprechung dieser Formel (S. 111) der Wirkungsgrad bei unendlicher Umschlingung auf 50 vom Hundert ab! Merkwürdigerweise nimmt dann bei der Lasttrommel, bei der ein Ende des Seiles mit der Trommel fest verbunden ist und für die er auch das Gesetz $T = te^{\zeta\varphi}$ als gültig annimmt (!), der Wirkungsgrad nach seiner Formel 324 mit der Zahl der Umschlingungen zu. Mit diesen Proben seiner Berechnungskunst möge es nun genug sein.

Widerlegung zu Abs. 19:

Die unhaltbaren Behauptungen und Annahmen Meyers rühren daher, daß er wieder den Zustand des sicheren Betriebes verwechselt mit dem völlig geänderten Zustand seines Versagens, und daß er Gleiten annimmt, wo es nicht auftreten kann, solange nämlich ordnungsmäßig Kraft übertragen wird.

Die Kraftverhältnisse an festen und losen Lastrollen und an Lasttrommeln sind bisher wissenschaftlich nicht untersucht worden. Die Literatur bietet darüber nichts Wesentliches. Wie bei allen anderen Triebwerken kam es mir auch hier vor allem darauf an, die Kraftwirkungen den wirklichen Betriebsverhältnissen entsprechend darzustellen und die Gleichgewichtsbedingungen unter Berücksichtigung der Formänderungsverluste zu entwickeln.

Herr Meyer irrt, wenn er annimmt, daß bezüglich der Kraftwirkungen und Verluste zwischen einer festen oder losen Rolle und einem Riemen- oder Seiltrieb ein innerer sachlicher Untersehied bestehe. Auch beim Riementriebe ist nur an der

Anlauf- und Ablaufstelle ein wesentlicher Unterschied in der Bewegung zwischen Riemen und Scheibe vorhanden, während an der Berührungsfläche keine wesentliche Relativbewegung festzustellen ist.

Herr Meyer irrt auch in der Annahme, daß bei einer Seilrolle mit mehrfacher Umschlingung des Seils die Zahl der Umschlingungen ohne Einfluß auf die Formänderungsverluste sei. Er übersieht, daß die Spannungen von der Anlauf- bis zur Ablaufstelle des Seils durch das ganze Seil hindurchgehen müssen, somit eine Formänderung des Seiles an allen Auflagestellen stattfindet.

Jedem Fachmann ist ohne weiteres klar, daß die Spannung im Seil, ähnlich wie bei einem Riementriebe, von der Laststelle zur Kraftstelle sich stetig vergrößern muß, denn es ist für die Kraftverhältnisse gleichgültig, ob die Scheibe das Seil mitnimmt oder umgekehrt. Es ist auch nicht notwendig, daß an der Seilrolle selbst nur geringe Widerstände wirken. Es könnten hier, ähnlich wie bei Riementrieben, an der Rolle beträchtliche Kräfte angreifen. Bei der Ableitung der Kräftebeziehungen müssen jedenfalls alle Einflüsse beobachtet werden.

In der Regel sind die Verluste bei solchen Seilrollen noch kleiner als im Leerlauf von Riementrieben, und die Betriebsgrößen f und ζ werden daher sehr klein. Ihre wirkliche Größe und ihre Abhängigkeit von den maßgebenden Faktoren kann aber wieder nur durch Versuche ermittelt werden, wie ich in meinem Buche hervorgehoben.

Herr Meyer bemängelt die von mir festgestellte verschiedenartige Abhängigkeit des Wirkungsgrades vom Umschlingungswinkel bei einer Seilrolle und bei der Lasttrommel. Der Unterschied ist durch die von mir angegebenen Beziehungen für den Wirkungsgrad begründet. Bei der Seilrolle ist der Wirkungsgrad das Verhältnis der kleinen zur großen Seilspannung, bei der Lasttrommel aber das Verhältnis des Moments der Last, welche der großen Seilspannung entspricht, zum Kraftmoment an der Trommel.

Bei gleichbleibender Last wird an der Seilrolle die Kraft mit dem Umschlingungswinkel immer größer. Bei der Lasttrommel dagegen werden die von der Last entfernten Seilstücke bis zur Befestigungsstelle des Seiles an der Trommel mit wachsendem Umschlingungswinkel durch die Zahnkräfte an der Auflagestelle immer mehr entlastet.

Der Einfluß des Umschlingungswinkels auf den Wirkungsgrad ist außerdem bei der Lasttrommel wesentlich geringer als bei einer Seilrolle. Dies zeigt deutlich der Vergleich der Gleichung 324 S. 114 mit Gleichung 300 S. 109 meines Buchs.

Bei der losen Rolle ist der Wirkungsgrad unter sonst gleichen Betriebsverhältnissen stets besser als bei einer festen Rolle, was aus dem Vergleich der Gleichung 307 und 299 meines Buchs hervorgeht.

Daß die von mir abgeleiteten Beziehungen für den Wirkungsgrad einer Lastrolle in allen praktischen Fällen nur für einen Umschlingungswinkel φ, der nicht wesentlich größer ist als π (180°), praktische Bedeutung haben, wird jedem Fachmann ohne weiteres klar sein. Ich habe nur der Vollständigkeit halber den Einfluß mehrfacher Umschlingung untersucht, um zu zeigen, daß der Wälzarm f mit der Zahl der Umschlingungen zunehmen muß bis zu dem praktisch bedeutungslosen Grenzwert $f = R$.

Da sowohl f wie ζ bei dem geringen Widerstand an der Rolle für alle Betriebsfälle sehr klein ist, so würde selbst bei einer sehr großen Umschlingungszahl, die praktisch nicht in Betracht kommt, der Wirkungsgrad sich nur wenig von 1 unterscheiden und durch die von mir abgeleiteten Beziehungen stets richtig wertbar sein.

Herr Meyer will auch hier nur ‚Grenzwerte' allein kritisch beurteilen, obwohl diese Werte entweder außerhalb des Geltungsbereichs der Gleichungen liegen und ganz geänderten Zuständen entsprechen oder keinerlei Betriebsbedeutung haben. Er bemängelt solche ‚Grenzwerte' und will damit auch den Wert der Gleichungen innerhalb der Grenzen praktischer Anwendung in Frage stellen, ohne aber für seine Meinung irgendeinen Beweis zu erbringen.

20. Schlußbetrachtung.

Abs. 20 des Meyerschen Gutachtens:

Das Buch des Verfassers macht bei flüchtigem Durchblättern einen bestechenden Eindruck, da es gewandt geschrieben ist, recht anschauliche Zeichnungen bringt, und da die Rechnungen in übersichtlicher Weise durchgeführt sind. Die zahlreichen Fragen, die aufgegriffen werden, und die Sicherheit mit der ihre Klärung und Lösung im Vorwort versprochen und nachher zum Scheine durchgeführt wird, machen ebenfalls auf den Leser einen gewinnenden Eindruck, so daß es wohl erklärlich ist, daß in üblicher Weise abgefaßte Besprechungen in Zeitschriften günstig lauten. Erst bei genauerem Durchsehen kommt man aber immer mehr auf die erstaunlich große Menge von Fehlern, Flüchtigkeiten und widersinnigen Ergebnissen, die sich der Verfasser hat zuschulden kommen lassen und die ich im vorstehenden nachgewiesen habe. Sie sind im wesentlichen durch die unglaubliche Oberflächlichkeit und Leichtfertigkeit bedingt, mit der der Verfasser Behauptungen und mechanische Ansätze für die Bedürfnisse des Augenblicks aufstellt und wieder abändert, ohne sich ihre Folgen klar zu machen. Insbesondere aber die Leichtfertigkeit in der Behandlung technisch-wissenschaftlicher Fragen, die in den Abschnitten über Riemen- und Seiltriebe zum Ausdruck kommt, und der Mangel an Selbstkritik, der sich in der Veröffentlichung der darin enthaltenen widersinnigen Ergebnisse kundtut, müssen dem Verfasser, zumal im Hinblick auf den Anspruch des Vorworts, daß es ihm gelungen sei, die Kraftverhältnisse und Wirkungsgrade der Riementriebe zu bestimmen, zum schwersten Vorwurf gereichen.

Zu Abs. 20:

Die Schlußbemerkungen des Herrn Meyer enthalten nichts Sachliches, sie können daher unbeachtet bleiben.

V. Zusammenfassende Erläuterungen.

Die in meinem Buche durchgeführte Wertung der Formänderungswiderstände bei Bremsen und Rolltrieben ist mißverstanden worden, weil die bildliche Darstellung der Formänderungskräfte und -momente infolge der hergebrachten einseitig-theoretischen Auffassung falsch gedeutet wurde. Zur Klärung des Sachverhalts mögen daher die Grundzüge der neuen Reibungserfassung hier zusammenfassend erläutert werden. Etwas wesentlich Neues gegenüber dem Inhalt meines Buchs wird damit nicht gesagt.

1. Reibung.

Reibung ist der Formänderungswiderstand, der zu überwinden ist, wenn zwei sich unter Druck berührende Körper gegeneinander bewegt werden. Sie ist daher abhängig von allen Einflüssen der Formänderung beider Körper.

Wird die Reibung rechnungsmäßig gleich dem Produkt aus Normaldruck K und Reibungszahl μ gesetzt, dann muß die

Reibungszahl μ alle Formänderungseinflüsse werten. Sie ist somit eine Betriebsgröße, die nicht nur vom Material, von der Gleitgeschwindigkeit und dem Schmierzustand beider Körper abhängt, sondern auch von allen wirkenden Kräften und den durch sie hervorgerufenen Formänderungen.

Maßgebend für die Reibung ist daher auch die Verteilung der Normaldrücke über die Berührungsfläche, die Größe und Form dieser Fläche, ob eben oder krumm, das elastische Verhalten beider Körper und viele andere Einflüsse.

Die Reibungszahl μ kann deshalb nur für bestimmte Ausführungsformen und bestimmte Betriebszustände der Reibkörper (beispielsweise der Bremsen) als eine mittlere konstante Größe angesehen werden, und nur wenn sie aus Versuchen, die den wirklichen Betriebszuständen entsprechen, richtig gemessen und berechnet wurde, darf sie zur Berechnung ähnlicher Reibungstriebe verwendet werden.

2. Reibungszustände.

Es gibt drei verschiedene Reibungszustände:

a) Anlaufreibung,

b) Reibung der Bewegung und

c) Auslaufreibung.

Die Anlaufreibung, zu Beginn der Bewegung, ist nach allen Erfahrungen und Versuchen mit praktischen Reibungstrieben stets

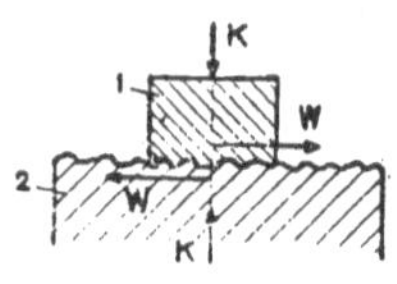

Bild 15.

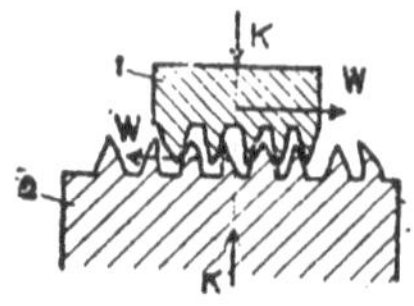

Bild 16.

größer als die Reibung der Bewegung (vergl. ‚Hütte' 1915 S. 244), und ebenso die Auslaufreibung am Ende der Bewegung. Die Erklärung hierfür läßt sich am anschaulichsten geben durch die Formänderungen, welche die kleinen Unebenheiten an der gemeinsamen Reiboberfläche erfahren.

Bild 15 zeigt allgemein zwei Reibkörper mit den übertrieben angedeuteten Unebenheiten an der Reibfläche. K ist der Normaldruck, W die Reibung während des Gleitens des Körpers 1 längs des Körpers 2.

In Bild 16 sind die Oberflächenunebenheiten vergrößert als ‚Zähne' dargestellt, die durch die Normalkraft K immer tiefer ineinander gedrückt werden.

Beim Anlauf müssen die Zähne beider Körper so weit abgebogen werden, daß ein Vorbeigleiten des Körpers 1 längs des Körpers 2 möglich ist (Anlaufreibung W_0). Bei weiterer Bewegung brauchen aber nur noch die ‚Zähne' des Körpers 2 deformiert zu werden (Reibung der Bewegung W_b somit in der Regel kleiner als die Anlaufreibung W_0). Im Auslauf der Bewegung richten sich die elastischen Zähne beider Körper wieder auf, der Widerstand vergrößert sich (Auslaufreibung W_a).

3. Haftkräfte im Ruhezustande der Körper.

Im Ruhezustande beider Reibkörper, wenn sie also keine Bewegung gegeneinander ausführen, können tangentiale Kräfte Z übertragen werden, die zwischen Null und der Anlaufreibung W_0 schwanken können. Durch die wirkenden Kräfte Z werden aber die sich berührenden Unebenheiten (Zähne) der beiden Körper entsprechend abgebogen (vgl. Bild 16: an Stelle der Reibung W wirkt dann im Ruhezustande beider Körper eine tangentiale Kraft Z), so daß die beiden Körper nicht in absoluter Ruhe verharren, sondern sich innerhalb der Grenzen der tangentialen Formänderung gegeneinander bewegen, ohne daß jedoch der Zusammenhang der sich berührenden Oberflächenteilchen verändert wird.

Es findet somit nur eine Formänderungsverschiebung beider Körper gegeneinander, aber kein tangentiales Gleiten statt.

Die tangentialen ‚Zahnkräfte' Z haben daher mit Reibungskräften unmittelbar nichts zu tun. Ihre Wirkung ist von besonderer Bedeutung beim Betriebe von Rollkörpern.

4. Formänderungsschlupf bei Rolltrieben.

Der einfachste Rolltrieb wird durch das Abrollen einer Walze auf einer ebenen Bahn verkörpert (Bild 17). Das Abrollen ist nur möglich, wenn an der Berührungsstelle der beiden Rollkörper eine tangentiale Widerstandskraft Z wirksam gemacht werden kann, die, ähnlich der Zahnkraft eines Zahntriebes, die dem Nutzmoment M entsprechende Umfangskraft zu übertragen vermag. *Bei absolut glatter Berührungsfläche wäre ein Abrollen unmöglich.*

Die tangentiale Rollkraft Z kann daher als eine ‚Zahnkraft' bezeichnet werden, die *veränderlich* ist, und zwar je nach dem zu übertragenden Rollmoment M zwischen Null und der größten Haftreibung (W_0) schwanken kann.

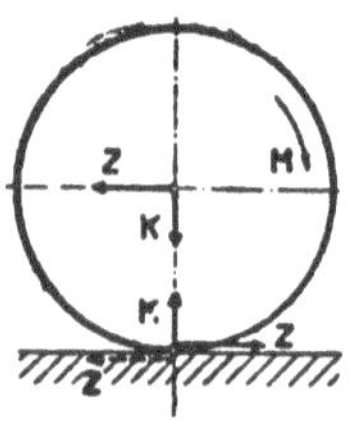

Bild 17.

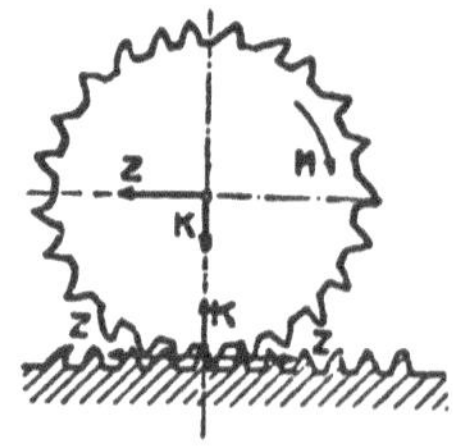

Bild 18.

Die Oberfläche beider Rollkörper ist wieder mit zahnartigen kleinen Unebenheiten gedacht, die durch die Kräfte K und Z in der Richtung dieser Kräfte entsprechend der elastischen Nachgiebigkeit des Materials deformiert werden (Bild 18).

Der *getriebene* Rollkörper wird dann entsprechend der tangentialen Formänderung an der Berührungsstelle *zurückbleiben.* Sind beide Rollkörper Walzen, dann wird die getriebene Walze eine entsprechend kleinere Geschwindigkeit besitzen; sie zeigt einen gewissen *Schlupf (Formänderungsschlupf)* in der Bewegung gegenüber der treibenden Walze, der aber in der Regel geringfügig ist, weil die tangentiale Durchbiegung der kleinen Unebenheiten an der Kraftübertragungsstelle meist sehr klein ist (vgl. S. 85 u. 86).

Während der Formänderung durch die an der Berührungsstelle wirkenden Kräfte bleiben aber die kleinen Unebenheiten beider Rollkörper in steter Berührung, so daß *kein* tangentiales Hinweggleiten der Unebenheiten des treibenden Rollkörpers über die des getriebenen eintritt. Der tangentiale *Formänderungsschlupf* hat daher mit einem tangentialen Vorbeigleiten der beiden Walzen im Sinne der Gleitreibung *nichts* zu tun.

Erst wenn die kleinen Unebenheiten an der Berührungsstelle so weit durchgebogen sind, daß sie tangential aneinander vorbeigleiten können, entsteht *bleibender Gleitschlupf* und eine Reibungskraft W, wobei ordnungsmäßige *Kraftübertragung* durch Wälzung vollständig *aufhört*.

Wird die Kraftübertragung zweier Rollkörper als Zahntrieb aufgefaßt, dann können — trotz den durch die Zahnkräfte hervorgerufenen Formänderungen der Zähne — in jedem Augenblicke der Kraftübertragung Zähne des einen Rollkörpers in Lücken des andern eingreifen, weil die Oberflächen beider Körper mit unendlich vielen zahnartigen Vorsprüngen und entsprechenden Zahnlücken versehen sind. Es wird daher ein der Formänderung entsprechendes Voreilen des treibenden Körpers und damit der sogenannte *Formänderungsschlupf* stetig eintreten. Dieser ist unvermeidlich und nicht zu verwechseln mit dem ungewollten *Gleitschlupf*, der beim Versagen des Triebs eintritt.

Während des ordnungsmäßigen Abrollens ist somit keine tangentiale Reibkraft, sondern nur die zur Kraftübertragung erforderliche ‚Zahnkraft' Z wirksam, die eine tangentiale Formänderung und einen Formänderungsschlupf hervorruft, aber keine tangentiale Gleitbewegung im Sinne einer Reibungswirkung.

5. Formänderungsverluste bei Rolltrieben.

Wird eine Walze mit einer resultierenden Achskraft K vertikal gegen den Boden gedrückt, so entsteht an der Berührungs-

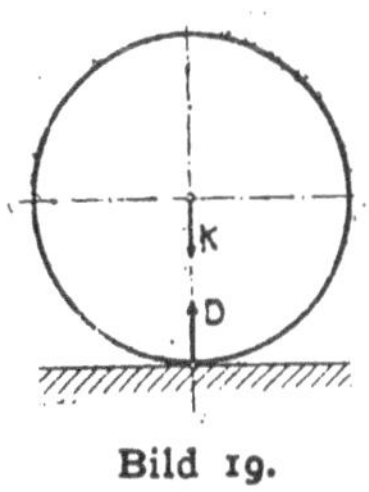

Bild 19.

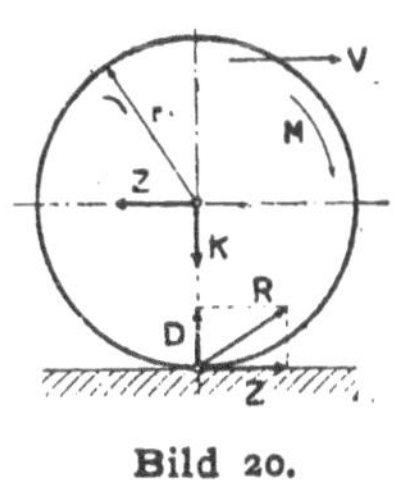

Bild 20.

stelle eine Berührungsfläche, und die resultierende Gegenkraft D muß gleich und entgegengesetzt K sein (Bild 19).

Soll die Walze durch ein Moment M mit der Geschwindigkeit v gerollt werden, so wird dies nur möglich sein, wenn eine

Kraftübertragung an der Berührungsstelle in Richtung des Rollens wirksam werden kann (Bild 20). Die Resultierende R an der Bodenfläche ist dann schief gerichtet. Ihre vertikale Komponente D muß aber gleich und entgegengerichtet sein dem Normaldruck K, während die horizontale Komponente Z mit der gleichen Gegenkraft Z an der Rollachse ein Moment ergibt, das dem Rollmoment M entgegenwirkt.

Für verlustloses Rollen würde dann die Beziehung gelten: $M = Zr$, wobei Z die mit der Walze zu bewegende Nutzlast, etwa ein angehängter Wagen oder dgl. ist.

Die Kraftübertragung an der Berührungsstelle kann man sich als eine Zahnübertragung denken, wobei R die resultierende Zahnkraft sämtlicher Zahneingriffe ist (Bild 21). Die Richtung und Größe von R ist durch die Bedingung gegeben, daß die Vertikalkomponente D gleich K durch die Walzenachse geht und die Horizontalkomponente gleich dem zu überwindenden Nutzzug Z an der Achse sein muß. In Wirklichkeit sind natürlich keine ‚Zähne' vorhanden, aber kleine Oberflächenunebenheiten, die wie Zähne wirken und durch den Normaldruck K zum Eingriff gebracht werden.

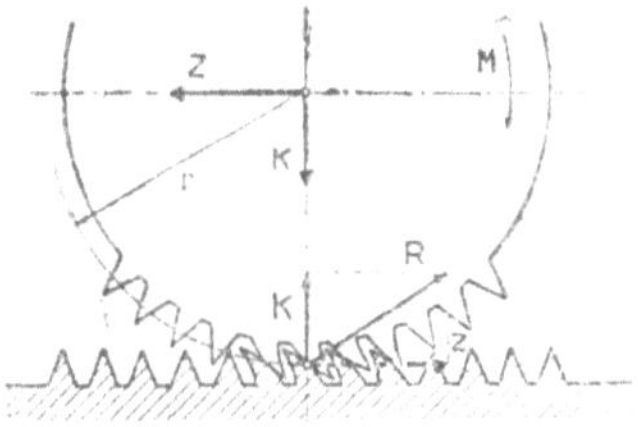

Bild 21.

Außerdem sind Widerstände zu überwinden, und zwar vor allem Formänderungswiderstände, weil die kleinen Oberflächenzähnchen durch die wirkenden Kräfte K und Z gebogen werden und die aufgewendete Formänderungsarbeit infolge unvollkommener Elastizität, elastischer Nachwirkung usw. nicht restlos zurückgewonnen werden kann. Während bei verlustfreiem Betrieb eine Rolleistung $L_0 = \frac{M}{r} v = Zv$ aufzuwenden ist, wird durch die Formänderungsverluste eine Leistung $L_1 > L_0$ aufzuwenden sein. Der Unterschied ist die zur Überwindung der Verluste erforderliche Widerstandsleistung L_f, somit $L_1 = L_0 + L_f$.

Das dieser Leistung entsprechende Drehmoment ist $M_1 = \frac{L_1 r}{v} = M + \frac{L_f r}{v}$. Der Wert $\frac{L_f r}{v}$ soll gleich einem resultierenden

Formänderungsmoment M_f gesetzt werden. Dieses entspricht der Formbiegung der kleinen Oberflächenzähne und könnte beispielsweise annähernd gleich $R \, . \, \lambda$ gesetzt werden, wobei λ die Zähnchenbiegungslänge ist (Bild 22). Sowohl R wie λ sind aber zumeist unbekannt.

Es ist daher eine andere Form der Berechnung des resultierenden Formänderungsmoments eingeführt, die aus der Überlegung entstand, daß der für die Kraftübertragung notwendige Zahneingriff an der Rollfläche nur durch die Wirkung des Normaldruckes K möglich wird. Je größer der Normaldruck K ist, um so tiefer werden die Unebenheiten der Rollflächen ineinander gedrückt, und um so größere Momente M_1 lassen sich übertragen. Wäre K = Null, so könnte keine Kraft übertragen werden.

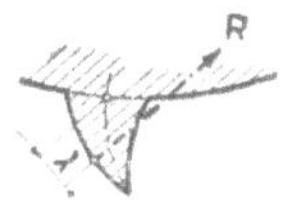

Bild 22.

Es ist daher das resultierende Formänderungsmoment $M_f = K \, . \, f$ gesetzt, wobei f der Hebelarm des Rollens oder ‚Wälzarm' genannt wird, welcher allein alle Formänderungseinflüsse werten muß, also nicht nur die Formänderungseinflüsse der Biegung, sondern auch die elastischen Einflüsse, wie sie S. 10—12 meines Buches gekennzeichnet sind.

Das Formänderungsmoment $K \, . \, f$ ist aber kein statisches Drehmoment des Normaldrucks K, es ist nur der rechnungsmäßige Ausdruck für alle einzelnen Widerstandsmomente, die indirekt durch den Normaldruck K hervorgerufen werden. Der Normaldruck K oder die durch ihn bedingten Auflagedrücke an der Berührungsfläche können bei ordnungsmäßigem Betriebe unmittelbar keine Drehung an der Rollen- und Scheibenachse bewirken, es sei denn, daß sie schon im Ruhezustande des Triebes ein Drehmoment ausübten. Einige praktische Beispiele hierfür sind besonders kennzeichnend. Bei einer Band- oder Backenbremse können weder die axiale Bremskraft K noch die an der Auflagefläche des Bandes oder des Bremsklotzes wirkenden elementaren Auflagedrücke dK Drehmomente ergeben. Erst die durch die Bremskraft und die Auflagedrücke hervorgerufenen elementaren Reibungswiderstände $dW = \mu \, dK$ ergeben Drehmomente und ein resultierendes Widerstandsmoment an der Bremsscheibe, welches dem aufgewendeten Nutzmoment das Gleichgewicht hält (vgl. hierzu S. 27 u. f. meines Buches).

Auch bei einem Riementriebe können die Achsdrücke K und die ihnen entsprechenden radialen Auflagedrücke dK an der Berührungsfläche des Riemens unmittelbar kein statisches Drehmoment an der Scheibenachse bewirken. Dagegen können die von den Normaldrücken dK abhängigen Formänderungskräfte Drehmomente ergeben, die sich durch die an den Scheiben wirkenden Formänderungsmomente $dK \cdot f$ werten lassen.

Es ist bei Rolltrieben unmöglich, die den einzelnen Formänderungsmomenten entsprechenden Kräfte und Momenthebelarme einzeln anzugeben. Man weiß nur, daß die resultierende Wirkung aller Einzelmomente ein resultierendes Widerstandsmoment ist, das dem Momente der treibenden Kraft an jeder Rolle oder Scheibe entgegenwirkt.

Das resultierende Formänderungsmoment ist eigentlich nur aus den Arbeitsverlusten bestimmbar, für die es keinen rechnungsmäßigen Ausdruck gibt. Um aber eine einfache rechnungsmäßige Wertung zu ermöglichen, ist die ursächlich maßgebende Normalkraft K als resultierende Momentkraft und der Momenthebelarm f als Erfahrungsgröße eingeführt, die für bestimmte Rolltriebe und Betriebszustände durch wissenschaftliche Betriebsversuche zu ermitteln ist.

Ähnliche Wertungen sind vielfach üblich. Beispielsweise muß bei einem Balken, der auf einer Seite eingespannt, auf der anderen Seite einfach unterstützt und in der Mitte durch eine Kraft P beansprucht ist, außer den statischen Momenten der Kräfte noch ein Einspannungsmoment M_b eingeführt werden, das von der Art der Einspannung, von den elastischen Verhältnissen und den Formänderungszuständen abhängt. Auch bei diesem Moment kann weder die Momentkraft noch der Hebelarm ohne weiteres angegeben werden. Man weiß nur, daß P die ursächlich maßgebende Kraft ist, so daß $M_b = P \cdot f$ gesetzt werden könnte, wobei f aus den Formänderungsarbeiten streng genommen nur durch Versuche für die verschiedenen Einspannungszustände ermittelt werden kann.

Das Einspannungsmoment wird dann in der Regel durch einen Momentpfeil dargestellt (Bild 23), wie dies auch für die Bezeichnung des Wälzverlustes durch das Formänderungsmoment $K \cdot f$ am zweckmäßigsten wäre (Bild 24). In diesem Bilde ist die resultierende Gegenkraft K an der Auflagefläche des Rades in richtiger Lage, axial entgegen dem Achsdruck K wirkend dargestellt und das Formänderungsmoment M_f entweder durch einen Momentpfeil an der Drehachse oder an der Auflagestelle gekennzeichnet.

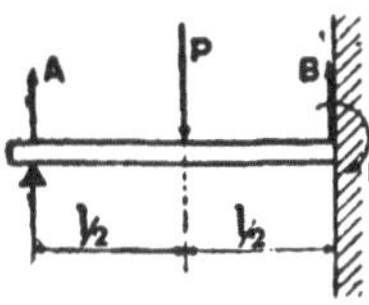

Bild 23.

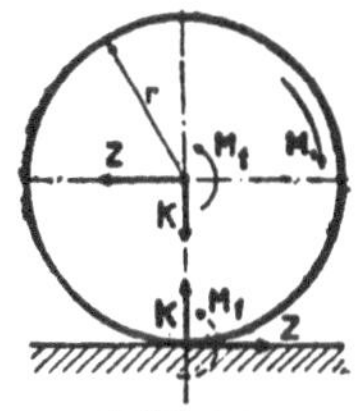

Bild 24.

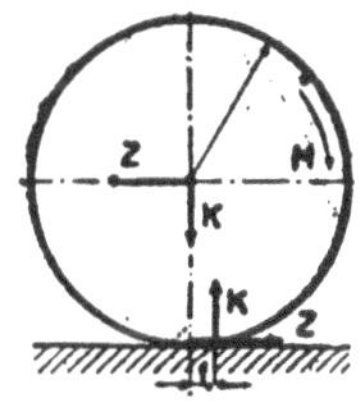

Bild 25.

In Bild 25 ist die Gegenkraft K um den Hebelarm f verschoben gezeichnet, um das Formänderungsmoment $M_f = K \cdot f$ als Widerstandsmoment unmittelbar zu kennzeichnen, wie es seit Jahrzehnten üblich ist. Diese Darstellungsart darf aber nicht zu der irrigen Ansicht verleiten, daß die Gegenkraft K an der Auflagefläche des Rades wirklich um f verschoben wirken müsse, so daß ein statisches Moment der Kraft K entstehe.

Wie schon ausführlich auseinandergesetzt wurde, können die radial gerichteten Normaldrücke K unmittelbar keine Drehmomente ergeben. Der Wert $K \cdot f$ ist nur der rechnungsmäßige Ausdruck für die zahlreichen Formänderungswirkungen und die Wälzverluste, ähnlich wie das Einspannungsmoment $P \cdot f$ bei dem angeführten Biegungsfall kein wirkliches Moment der Biegungskraft P ist, sondern nur der rechnungsmäßige Ausdruck für die Formänderungswirkungen der Einspannung.

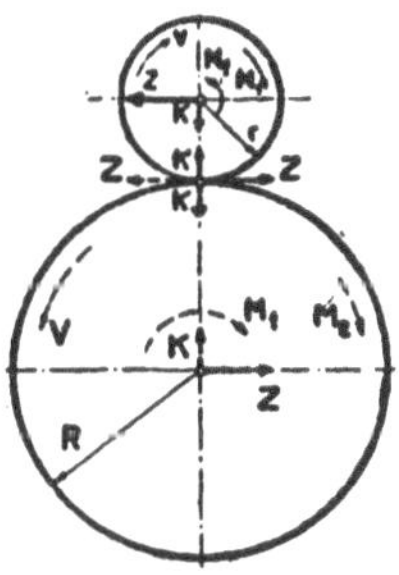

Bild 26.

Wenn daher der Außenrolltrieb mit zwei Walzen zu untersuchen ist, dann wirken die Kräfte an der Auflage- und Kraftübertragungsstelle, wie im Bilde 26 dargestellt, und die Wälzverluste werden an jeder Walze durch ein dem Momente der treibenden Kraft entgegenwirkendes Widerstandsmoment $M_f = K \cdot f$ gewertet, das durch einen Momentpfeil an jeder Drehachse gekennzeichnet ist.

Ähnlich ist die Kräftewirkung beim Innenwalzentrieb mit zwei Walzen (Bild 27). Auch hier sind die Formänderungsmomente M_f an der Drehachse jeder Walze als Widerstandsmoment durch Momentpfeile bezeichnet.

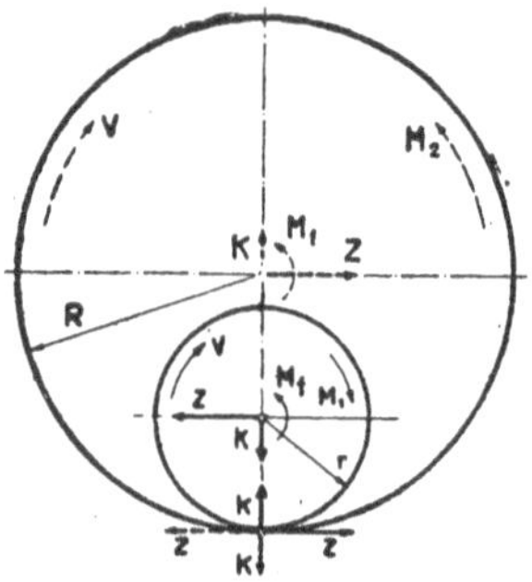

Bild 27.

Sollen diese Widerstandsmomente in der üblichen Weise durch Verschiebung der entsprechenden Auflagekraft K um den Wälzarm f gekennzeichnet werden, dann sind für die beiden Walzentriebe die Bilder 28 und 29 maßgebend, die auch in meinem Buche zur Darstellung der Kraftwirkungen unter Berücksichtigung der Rollverluste benutzt worden sind (vgl. hierzu Abb. 21 und 28 meines Buches).

Besonders die Darstellung der Kraftwirkungen am Innenwalzentrieb (Bild 29) hat bei einseitigen Theoretikern die Auffassung hervorgerufen, daß die gezeichnete Lage der Auflage

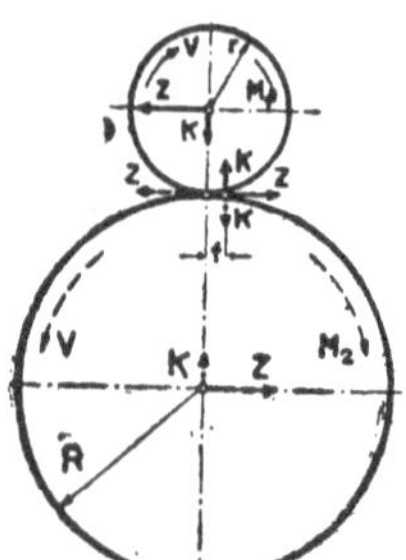

Bild 28.

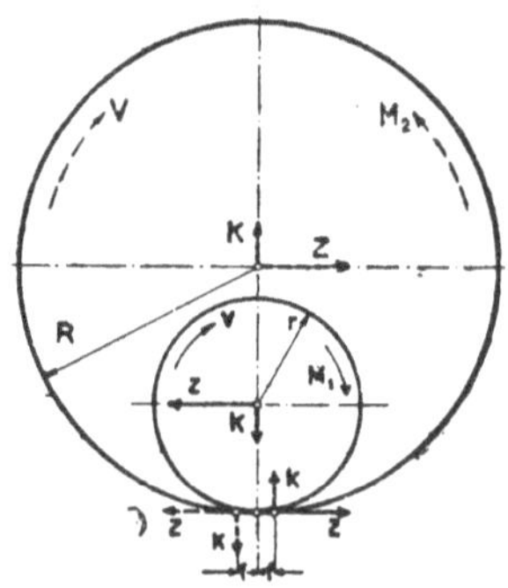

Bild 29.

kräfte K an der Kraftübertragungsstelle dem Wechselwirkungsgesetze der Mechanik widerspreche.

Eine solche Verkennung der Tatsachen ist nur dadurch erklärlich, daß diese Theoretiker in die zeichnerische Darstellung der Formänderungsmomente etwas hineindeuten, was darin nicht vorhanden ist. Sie sehen die gezeichnete Lage der Auflagekräfte K als wirkliche Lage der Kräfte an, während sie wissen müßten, daß die Gegenkräfte K in Wirklichkeit in der Mittelebene der beiden Drehachsen, entsprechend Bild 27, wirken müssen, und daß diese Kräfte unmittelbar kein statisches Drehmoment in bezug auf diese Achsen ergeben können.

Die Formänderungsmomente $K \cdot f$ sind keine statischen Momente der Kraft K, sondern Widerstandsmomente, die zur Wertung der Übertragungsverluste in die statische Momentbeziehung der Kräfte an jeder Rolle eingeführt werden. Als Widerstandsmomente sind sie daher auch stets dem Momente der treibenden Kräfte entgegenwirkend einzuführen.

Dies muß sowohl beim Außen- wie beim Innenwalzentrieb geschehen, sonst führen die Rechnungen zu Ergebnissen, die mit der Wirklichkeit und den Erfahrungen in Widerspruch stehen.

Die Erfahrungsgröße f wertet stets die Rollverluste beider Rollkörper, ganz ähnlich wie die Reibungszahl μ die Reibungsverluste beider Reibkörper kennzeichnet.

Die Wertung der Formänderungsverluste durch das Formänderungsmoment $K \cdot f$ kann nur in der Momentbeziehung der an jeder Rolle wirkenden Kräfte geschehen. Daher ist auch beim Abrollen einer Walze auf ebener Wälzbahn (Bild 25) der Rollverlust nur im aufzuwendenden Moment und demzufolge nur in der aufzuwendenden Leistung an der Walze durch Einführung des Formänderungsmomentes $K \cdot f$ als Widerstandsmoment und dementsprechend als Widerstandsleistung wertbar.

Es ist unmöglich, das Formänderungsmoment $K \cdot f$ auch in die Kräftebeziehungen der ebenen Rollbahn einzuführen und hierdurch die Formänderungseinflüsse der Rollbahn besonders zu berücksichtigen. Die statischen Kräftegleichungen an der Rollbahn sind hierzu nicht geeignet. Die Formänderungseinflüsse der Wälzbahn sind vielmehr in der Momentbeziehung der Kräfte an der abwälzenden Rolle mitgewertet, da die im Formänderungsmomente $K \cdot f$ enthaltene Erfahrungsgröße f die Einflüsse der Rollbahn mitberücksichtigt.

Ähnlich liegen die Verhältnisse beim Riementriebe. Auch hier lassen sich die Formänderungseinflüsse des Riemens mit Hilfe der elementaren Formänderungsmomente $dK \cdot f$ nur in den Momentbeziehungen der Kräfte an den Riemenscheiben werten. Auf S. 74 meines Buches habe ich eine sachgemäße Erklärung hierfür gegeben.

Die Einführung der Formänderungsmomente $dK \cdot f$ in die Momentbeziehungen der Kräfte an jedem Riemenelement führt außerdem zu Widersprüchen mit den statischen Gleichgewichtsbedingungen der Kräfte.

Schließlich ist ohne weiteres einzusehen, daß Drehmomente zur Kraftübertragung am nachgiebigen Riemen allein, ohne Vermittlung der Scheiben, nicht wirksam gemacht werden können. Es genügt daher auch die Momentwertung der Formänderungsverluste an den Scheiben; die Erfahrungsgröße f berücksichtigt die gesamten Verluste des Triebs im aufgewendeten Momente an der treibenden Scheibe und damit auch in der aufgewendeten Leistung bei einem bestimmten Betriebszustande.

Die Momentbeziehungen der Kräfte an den Rollen sind im Grunde genommen Arbeitsgleichungen, welche die aufzuwendende Leistung mit den Widerstandsleistungen in Zusammenhang bringen und die Formänderungsverluste durch die Verlustleistung L_f werten.

Die Formänderungsleistung L_f kann bei allen Rolltriebwerken durch Versuche bestimmt werden. Ist v die mittlere Rollgeschwindigkeit, dann ist die dem Radius r der Walze entsprechende Umfangskraft $K_u = \frac{L_f}{v}$, und es ist dann $M_f = K \cdot f = K_u \cdot r$. Hieraus ist der mittlere resultierende Wälzarm für den untersuchten Betriebszustand des Rollens $f = \frac{K_u \cdot r}{K}$ bestimmbar.

Die Beziehung, wonach das gesamte Formänderungsmoment gleich $K \cdot f$, beruht somit auf einer Annahme zur Wertung der Formänderungsverluste durch eine Erfahrungsgröße f, die aber keinem wirklichen statischen Momente der Auflagekraft K entspricht, denn in Wirklichkeit werden die Rollverluste nicht allein durch die Kraft K, sondern auch durch tangentiale Kräfte und viele andere Faktoren beeinflußt. Alle diese Einflüsse werden durch den Wälzarm f gewertet, der nur durch wissenschaftliche Betriebsversuche bestimmt werden kann.

Auch die Gleitreibung $K\mu$ ist nicht nur von der Kraft K, sondern von zahlreichen anderen Einflüssen abhängig, die nur durch die Reibungszahl μ wertbar sind, welche durch Betriebsversuche ermittelt werden muß.

Alle Roll- und Reibungseinflüsse und die wirklichen Zustände an der Berührungsfläche allgemein und umfassend durch richtige Darstellung und Formeln einzeln zu werten, ist bei der Vielartigkeit der Einflüsse unmöglich.

Streng genommen können die Roll- und Reibungswirkungen nur als Formänderungsarbeiten und nur durch Arbeitsgleichungen gewertet werden, für die es aber bisher keinen rechnerischen Ausdruck gibt, der die an der Berührungsfläche maßgebenden Zug-, Druck-, Biegungs-, Schub- und elastischen Wirkungen umfaßt. Hier könnten durch wissenschaftliche Betriebsversuche neue Grundlagen geschaffen werden; sie würden jedoch viel Zeit und große Kosten erfordern, wenn die Zergliederung aller Einflüsse und die gesetzmäßige rechnerische Wertung aller Wirkungen angestrebt wird.

Man muß sich daher zunächst wohl mit annähernden Rechnungen und möglichst einfacher, zusammenfassender Wertung mittels Erfahrungsgrößen begnügen, die nur richtig zu deuten und anzuwenden ist. In der technischen Wissenschaft geschieht dies häufig. Im vorliegenden Falle werden alle Reibungs- und Rolleinflüsse durch Betriebsgrößen μ und f gewertet, die aber bisher zumeist aus unzureichenden Versuchen ermittelt und ohne ausreichende Kenntnis der wirklichen Betriebszustände angewendet wurden.

Nicht darauf kommt es an, daß eine Rechnung überlieferten theoretischen Anschauungen entspricht, sondern daß sie die Wirklichkeit zu kennzeichnen gestattet und dem Ingenieur als Rüstzeug bei der Gestaltung seiner Werke dienen kann. Verständnis der Vorgänge und der vielen Abhängigkeiten im Zusammenhang mit praktischer Erfahrung ist meistens wichtiger als einseitige theoretische Beurteilung, da die vielfältigen Einflüsse der Wirklichkeit in den seltensten Fällen durch Formeln und Rechnungen richtig gewertet werden können.

Ingenieure sind daher häufig gezwungen, mit Erfahrungswerten zu rechnen, die meistens eine Summe von Einflüssen werten, weil diese Einflüsse durch Formeln einzeln nicht genau beurteilt werden können. Dann müssen aber die Erfahrungswerte durch wissenschaftliche Betriebsversuche ermittelt und richtig angewendet werden. Dies geschieht leider nur selten.

Auf den herrschenden unhaltbaren Zustand und die Unsicherheit der Erfahrungswerte auf dem Gebiete der Bremsen und mechanischen Triebwerke hinzuweisen und wissenschaftliche Betriebsversuche zu fordern, war Hauptzweck meines Buchs.

VI. Weitere Kritiken von Theoretikern.

Erst nach Abschluß des Druckes der vorliegenden Arbeit habe ich Kenntnis von zwei Gutachten über mein Buch ‚Mechanische Triebwerke und Bremsen' erhalten, die von Kollegen des Herrn Meyer, nämlich von Professor Weber und Professor Dr. Gümbel, herrühren.

Das Gutachten des Herrn Weber enthält wenig Sachliches, dafür umsomehr persönliche Auslassungen. Auf diese gehe ich nicht ein; in Riedlers Buche ‚Wirklichkeitsblinde in Wissenschaft und Technik' ist diese Art der Bekämpfung eines wissenschaftlichen Gegners gebührend gekennzeichnet. Dagegen sollen die wenigen sachlichen Stellen des Gutachtens, ähnlich wie bei der Behandlung des Meyerschen Gutachtens, hier in kleinem Druck wiedergegeben und daran meine sachlichen Bemerkungen angeschlossen werden.

Herr Weber behauptet zunächst folgendes:

In den Geisteswissenschaften herrscht das Subjektive und Individuelle und äußert sich in persönlichen Gegensätzlichkeiten und in Unsicherheit. Dagegen sind die mechanischen Axiome keine subjektiven, sondern objektive Bestandteile der Naturwissenschaften; als solche werden sie in der Technik auch allgemein anerkannt und benutzt, und zwar in der der klassischen Mechanik entstammenden einfachen Form.

Herr Dr. Löffler verstößt in gröbster Weise gegen eines dieser Axiome, das unter dem Namen ‚Wechselwirkungsgesetz' oder ‚Prinzip von der Gleichheit von Aktion und Reaktion' sowohl bei den Ingenieuren wie bei den Physikern in deren täglichen Anwendungen als einwandfreies Grundgesetz bekannt ist und welches aussagt, daß in dem vorliegenden Fall Druck und Gegendruck der beiden sich berührenden Körper sowohl in den Elementarkräften wie in den Resultierenden gleich groß und entgegengesetzt gerichtet sind und je paarweise in eine Gerade fallen. Dieses Gesetz lernt der junge Studierende gleich in den ersten Vorlesungen über Mechanik kennen und versteht es nach kurzer Zeit auf technische Aufgaben sicher anzuwenden.

Aus Abbildung 6 des Buches geht hervor, daß Herr Dr. Löffler bei Außenberührung des Wälzrädergetriebes das Wechselwirkungsgesetz anerkennt; dem entsprechend ist auch Druck und Gegendruck an der Berührungsstelle in dieselbe Gerade *DD* der Abbildung eingetragen. Dagegen zeigt Abbildung 7 derselben Seite 5, daß er beim Innentrieb Druck und Gegendruck um das Maß $2f$ gegeneinander versetzt. Dr. Löffler nimmt also auf ein und derselben Seite 5 in dem einen Falle das Prinzip an und verwirft es wenige Zeilen weiter in einem anderen Falle, indem er es hier durch etwas vollständig Willkürliches und Falsches ersetzt. Mit der Einführung dieses Falschen stürzen aber die hieraus gezogenen zahlreichen Folgerungen seiner analytischen Untersuchungen in sich zusammen. Er hat sich durch dies Verfahren selbst die Voraussetzung für eine einheitliche, naturwissenschaftlich und folgerichtig begründete Durchforschung seiner Probleme genommen. Daher ergeben auch die vom Verfasser aufgestellten Gleichgewichtsbedingungen sowohl für den Innentrieb eines Wälzräderpaars wie für den später behandelten Riementrieb und für andere Anwendungen Unrichtiges, gleicherweise wie auch die zugehörigen Ansätze für den Wirkungsgrad Falsches aussagen.

Eine sorgfältige Prüfung der Frage: Wie konnte eine solche Wirrnis in den Darbietungen des Verfassers entstehen? läßt erkennen, daß der Bearbeiter auf Seite 5 seines Buches schon vor den Abbildungen 6 und 7 Unrichtiges ausspricht: er behauptet auf Seite 5 in den oberen 9 Zeilen ohne jeden Beweis rein gefühlsmäßig — bevor er die Axiome der Mechanik und die sich auf diese stützenden Gleichgewichtsbedingungen reden läßt — daß ‚die Kraft *D* für jede Walze ein dem treibenden Momente entgegenwirkendes Formänderungsmoment ergibt'. Dieser Satz gilt nicht für die große Walze des Innentriebs, denn er führt für sie zu einem Widerspruch gegen das Wechselwirkungsgesetz. Für den Sonderfall des Außentriebs besitzt der Satz Gültigkeit; er ist vom Verfasser mit Unrecht verallgemeinert und auf den Innentrieb angewandt worden. Nachdem aber diese falsche Behauptung vom Verfasser vor jeder geordneten Beweisführung als oberster Leitsatz einmal vorangestellt war, mußte die Abbildung 7 mit ihr auch in Übereinstimmung gebracht werden. Dabei wurde der Verfasser nicht gewahr, daß er mit Zugrundelegung jener irrigen Behauptung — in Abbildung 7 und in allen daraus gezogenen Folgerungen — gegen das Prinzip von der Gleichheit des Druckes und Gegendruckes verstieß.

Der schwerste Vorwurf des Herrn Weber richtet sich danach gegen meine Behandlung des Innenwalzentriebs (Abb. 7 meines Buches). Ich soll bei der Darstellung der Kraftwirkungen (vgl. Bild 29) an der Berührungsstelle der beiden Walzen gegen das ‚Wechselwirkungsgesetz' der Mechanik verstoßen haben, weil ich die beiden Kräfte $K = D$ um die Wälzarme (zusammen $2f$) gegeneinander verschoben dargestellt habe.

Herr Weber gibt sich gar nicht die Mühe, nachzuprüfen, ob die aus meiner Darstellungsweise abgeleiteten Kräftebeziehungen und Rechnungen für den Innenwalzentrieb richtig oder falsch sind, sondern er folgert aus dem von ihm mißverstandenen Bilde auf eine schwerwiegende Verletzung eines ‚Grundsatzes' der Mechanik; damit ist für ihn die Angelegenheit erledigt und die Verurteilung begründet.

Merkwürdig ist nur, daß Herr Weber meine Ausführungen zum Außenwalzentrieb (vgl. die Abb. 6 meines Buchs und Bild 28) richtig findet, weil bei diesem Triebe die beiden resultierenden Auflagedrücke $D = K$ an der Kraftübertragungsstelle der beiden Walzen, welche zur Kennzeichnung des Widerstandsmoments ebenfalls um f gegen ihre wirkliche Lage verschoben dargestellt sind, in eine Linie fallen, wodurch seiner Ansicht nach dem Wechselwirkungsgesetz entsprochen ist.

Herr Weber erkennt außerdem an, daß ich bezüglich der Verschiebung der Auflagekräfte $D = K$ beider Walzen als obersten Leitsatz die Bedingung angegeben habe, daß das dadurch gekennzeichnete Formänderungsmoment $D \cdot f = K \cdot f$ dem Momente der treibenden Kraft an jeder Walze als Widerstandsmoment entgegenwirken müsse.

Ich habe somit in meinem Buche deutlich zum Ausdruck gebracht, daß es sich bei dem Formänderungsmoment $K \cdot f$ nicht um ein statisches Moment der Auflagekraft K, sondern um ein Widerstandsmoment handelt, das zur Wertung der Formänderungsverluste in die statische Momentengleichung der Kräfte an jeder Walze eingeführt wird (vgl. hierzu die Ausführungen auf S. 61 u. f.).

Die von mir angegebene Bedingung gilt nach Ansicht des Herrn Weber nur für den Außenwalzentrieb, nicht aber für den Innenwalzentrieb, weil bei diesem Triebe das ‚Wechselwirkungsgesetz' durch sie verletzt wird. Herr Weber verlangt, daß auch bei diesem Triebe die Kräfte $D = K$ in einer Linie seitlich um f verschoben wirken, wie beim Außenwalzentrieb. Daß dann die Kräftebeziehungen und die Rechnungsergebnisse in Widerspruch mit den Erfahrungen und der Wirklichkeit stehen würden, stört Herrn Weber weiter nicht, denn das Wichtigste ist für ihn, daß seine Grundgesetze der Mechanik erfüllt werden, nicht aber, daß Theorie und Wirklichkeit übereinstimmen.

Tatsächlich führt die von Herrn Weber angenommene Kraftwirkung zu dem unrichtigen Ergebnis, daß der gesamte Rollwiderstand beim Innenwalzentrieb vom Unterschied der beiden Walzendurchmesser abhängt und für den Fall, daß die beiden Walzen annähernd gleiche Durchmesser erhalten, sich dem Werte Null nähert, während in Wirklichkeit der Rollwiderstand gerade im Grenzfalle annähernd gleicher Walzen besonders groß ist.

Herr Weber deutet in meine Darstellung des Formänderungsmomentes $K \cdot f$ bei den Walzentrieben etwas ganz Unrichtiges hinein, weil er die zur Kennzeichnung des Formänderungsmomentes als ‚Widerstandsmoment' an jeder Walze um den Wälzarm f verschobene Lage der Kräfte $D = K$ als die wirkliche Lage dieser Kräfte ansieht, und dadurch kommt er zu seinen unzutreffenden Behauptungen.

Die unhaltbare Anschauung des Herrn Weber führt auch bei folgerichtiger Anwendung zu einer allen Erfahrungen widersprechenden Wertung der Gleitreibungswirkung. Denn wenn durch die Formänderung an der Berührungsstelle die Auflagekraft $D = K$ wirklich um f seitlich verlagert zur Wirkung käme, dann wäre diese Verlagerung am größten, wenn die eine Walze festgehalten würde und die zweite an ihr vorbeiglitte wie an einem Bremsklotz.

Nach Herrn Weber würde dann die Kraftwirkung dem Bilde 30 entsprechen, und außer dem Momente der Gleitreibung W wäre zusätzlich noch das Moment $K \cdot f$ in Rechnung zu stellen, was aber allen Erfahrungen und bisher als richtig anerkannten Lehrsätzen der Mechanik widerspricht (vgl. hierzu auch S. 81 u. f.).

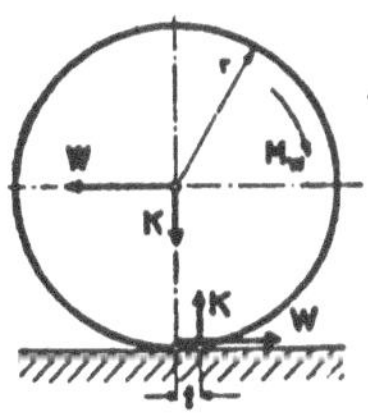

Bild 30.

Die Ansichten des Herrn Weber und seine Behauptung, ich hätte bei der Behandlung des Innenwalzentriebes gegen ein wichtiges Grundgesetz der Mechanik verstoßen, sind somit vollständig unzutreffend.

Die Untersuchungen in meinem Buche über die Kräftezusammenhänge und Wirkungsgrade führten zu Ergebnissen, die mit der Wirklichkeit, mit praktischen Erfahrungen und mit den Meßwerten bisher ausgeführter Betriebsversuche in bestem Einklang stehen. Die gegenteiligen Behauptungen des Herrn Weber sind durch nichts begründet. Nirgends hat er angegeben, wie die Berechnungen durchzuführen wären und wie die Formeln lauten müßten, damit sie seinen Grundsätzen und selbstverständlich auch der Wirklichkeit entsprechen.

Solange dies nicht geschehen ist, muß ich die Kritik des Herrn Weber als unzutreffend ablehnen.

Herr Weber bemängelt weiter:

> Schon auf Seite 5 und dann weiter auf den Seiten 16 und 17 sowie 25 und 26 sind, ganz abgesehen von den soeben erörterten grundsätzlichen Fehlern, sämtliche Ansätze für die Gleichgewichtsbedingungen zu beanstanden. Der begleitende Text erweckt den Anschein, als handle es sich um ein beliebiges Wälztriebwerk. In Wirklichkeit gelten die Löfflerschen Ansätze aber nur für den praktisch nie vorkommenden Fall, daß sowohl auf die treibende wie auf die getriebene Walze je ein reines Kräftepaar wirkt. Damit werden alle aus jenen Gleichgewichtsbedingungen abgeleiteten Beziehungen allein aus diesem Grunde für die Praxis wieder wertlos.

Die Ausführungen des Herrn Weber beziehen sich auf die beim Außen- und Innenwalzentrieb angreifenden Momente M_1 und M_2 (vgl. Abb. 6 u. 7 meines Buches und die Bilder 28 u. 29). Nach Herrn Weber müßten die beiden Momente Kräftepaare sein, was seiner Ansicht nach praktisch nie vorkommt.

Zunächst hebe ich hervor, daß sich der Fall der Kräftepaare praktisch sehr leicht verwirklichen läßt, wenn beispielsweise mit beiden Achsen der Walzen elektrische Maschinen gekuppelt sind. Auch davon abgesehen, ist die Behauptung des Herrn Weber unzutreffend.

Wenn eine der beiden Walzen, beispielsweise die getriebene O_2, fest gelagert ist und die zweite Walze mit einem Normaldruck K gegen sie gepreßt wird, dann ist dieser Normaldruck unabhängig von der Art des Momentes M_2.

Die Formeln, welche ich als Ergebnis der Untersuchungen der beiden Walzentriebe abgeleitet habe, gelten aber in allen Fällen ganz allgemein, es ist nur für den Normaldruck K der richtige Wert einzusetzen.

Ich habe mit Absicht die einfachsten Rechnungszusammenhänge gewählt, um die maßgebenden Einflüsse nicht durch Nebenrechnungen unübersichtlich zu machen. Unter Umständen ist nämlich nicht nur die Größe der Momente, sondern die Lagerung der Walzen im Zusammenhang mit dem zugehörigen Triebwerk für die Größe des Normaldruckes K maßgebend.

In jedem Falle läßt sich aber der richtige Wert von K durch einfache Überlegungen bestimmen. Wird dieser Wert in die von mir abgeleiteten allgemeingültigen Formeln eingesetzt, dann erhält man sofort die maßgebenden Rechnungsgrößen für den bestimmten Sonderfall.

Eine derartige Rechnungsweise ist in der wissenschaftlichen Technik durchaus gebräuchlich. Es ist unverständlich, was Herr Weber daran auszusetzen hat. Jedenfalls wäre es viel verdienstlicher gewesen, wenn er gezeigt hätte, wie seiner Ansicht nach die allgemeingültigen Rechnungsbeziehungen und Formeln hätten lauten müssen.

Das Gutachten des Professors Dr. Gümbel hat im Gegensatz zu dem des Professors Weber einen sachlichen Inhalt. Herr Gümbel stellt eine neue Theorie über die Wirkung des Rollwiderstandes auf, gibt jedoch nicht an, wie die Berechnung und Untersuchung der Rolltriebwerke nach dieser neuen Theorie zu erfolgen habe, und macht auch keine Andeutung, wie die Übereinstimmung seiner neuen Auffassung mit der Wirklichkeit nachzuprüfen sei. Dies sei hiermit nachgeholt. Zu diesem Zwecke ist im folgenden das Gutachten absatzweise abgedruckt, und meine sachlichen Bemerkungen dazu sind beigefügt:

Herr Gümbel führt aus:

Professor Löffler hat sich nach der Einleitung seines Buches ‚Mechanische Triebwerke und Bremsen' die Aufgabe gestellt, ‚die unklaren Ansichten, welche vielfach über die Widerstände, die bei der Bewegung eines Körpers relativ zu einem zweiten Körper oder bei der Kraftübertragung von einem Körper auf einen zweiten zu überwinden sind', zu beseitigen, ‚das Wesen und die Ursache dieser Widerstände im Zusammenhang mit der Bewegung der Körper und den wirkenden Kräften' aufzudecken und ‚die unsicheren Anschauungen namentlich über den Einfluß, den die elastische Beschaffenheit der beiden Körper an der Berührungsstelle auf die entstehenden Widerstände ausübt', zu beheben.

Er sucht dieses Ziel auf zweierlei Weise zu erreichen:

1. indem er eine bestimmte Vorstellung von dem Wesen der trockenen Reibung einführt.
2. indem er ‚alle Widerstände als Formänderungswiderstände auffaßt und ihre Größe und Richtung, ihre Lage und Verteilung an der Berührungsstelle der Körper bestimmt'.

Die Ergebnisse seiner allgemeinen Betrachtungen über Widerstände verwendet er dann, um im besonderen die Kraftverhältnisse und Wirkungsgrade von Rolltriebwerken, Bremsen, Riemen-, Seil- und Zahntrieben zu untersuchen.

Es sei vorweg bemerkt, daß das Ziel, alle mechanischen Widerstände einheitlich als Folgeerscheinung von Formänderungen darzustellen, vom Verfasser nicht erreicht worden ist, daß er sich bei diesem an sich löblichen Bestreben zu Behauptungen, Folgerungen und Schlüssen verleiten ließ, die vielfach den anerkannten Grundlagen der Mechanik und sogar allgemein bekannten Erfahrungstatsachen der Maschinenbaupraxis grob widersprechen. Leider machen dabei die Ausführungen nicht selten den peinlichen Eindruck, lediglich auf Wirkung auf den oberflächlichen Leser berechnet zu sein, indem

Nebensächlichkeiten, die selbstverständlich sind oder doch mit wenigen Worten zu erledigen wären, in weitschweifiger und ausgeschmückter Weise in den Vordergrund gestellt und aus der allgemeinen Erfahrung geschöpfte Behauptungen als Schlußfolgerungen vorheriger Untersuchungen hingestellt werden.

Ich habe das Buch bis zu Kapitel IIIb durchgearbeitet, außerdem noch Kapitel III f. Auf weitere Durchsicht glaube ich, ohne dadurch mein Urteil zu schädigen, verzichten zu dürfen.

Als eine der Aufgaben, welche sich der Verfasser gestellt hat, erscheint die Bildung einer bestimmten Vorstellung über das Wesen der trockenen Reibung. Hiernach sind alle Flächen mit einer großen Zahl mikroskopisch kleiner borstenartiger Oberflächenzähne versehen, mit denen die sich berührenden Flächen — und zwar bereits bei druckloser Berührung — ineinandergreifen.

Dr. L. greift also die alte De la Hire-Leibnizsche Vorstellung wieder auf, welche ‚die Entstehung der Reibung aus dem Ineinandergreifen der Erhöhungen und Vertiefungen der Berührungsflächen, welche bei der fortschreitenden Bewegung entweder abgebrochen, gebogen oder auseinander gehoben werden müssen‘ (wörtlich aus Brix, ‚Reibung‘ 1850), erklärt.

Man kann sich in der Tat mit dieser Vorstellung ein gewisses Bild des Reibungsvorganges machen, insbesondere wird man zugestehen können, daß die Reibungserscheinungen von Holz, Leder und ähnlichen Faserstoffen der De la Hire-Leibniz-Löfflerschen Vorstellung recht nahe kommen, ohne daß man damit die sichere Art, mit welchen aus den Versuchen Kammerers ‚ohne weiteres auf die beschriebene Art der Kraftübertragung mittels kleiner Oberflächenzähne‘ als auf eine bewiesene Tatsache geschlossen wird, zu billigen braucht.

Die zweite Aufgabe, die sich Dr. Löffler gestellt hat, besteht darin, alle Bewegungswiderstände fester Körper als durch Formänderungsarbeiten verursacht darzustellen. Betrachten wir mit Dr. L. eine Walze, welche sich auf einer geraden horizontalen Bahn unter der Last K dreht, wobei gleichzeitig die horizentrale Kraft Z überwunden wird. Dann sind nach Dr. L. zwei Formänderungsarbeiten zu leisten:

1. die Formänderungsarbeit, vermittelt durch den Eingriff der Oberflächenzähne, also durch die Zahnkraft $Z' = Z$,
2. die Formänderungsarbeit des Rades und der Bahn unter dem Einfluß der Belastung K.

Die letzte Formänderungsarbeit ist in der Theorie der rollenden Reibung wohlbekannt. Neu ist die Einführung der ersten Art der Formänderungsarbeit. Sie besteht darin, daß das Material von Bahn und Walze tangential verschoben wird, wobei die Oberflächenzähne sich abbiegen, doch nur so weit, daß nicht der Zustand des Gleitens eintritt. An sich würde mit dieser elastischen Formänderung und dem Abbiegen der Zähne noch kein Arbeitsverlust verbunden sein. Wir müssen die Löfflersche Darstellung wohl noch dahin ergänzen, daß der Arbeitsverlust dadurch entsteht, daß nach dem Vorbeigang jedes Zahnes ein Teil der Deformationsenergie frei wird, sich in Schwingungen umsetzt und dem Antrieb verloren geht.

Die Möglichkeit solches Energieverlustes zugestanden, bleibt doch die wahrscheinliche Größenanordnung des Verlustes zu erörtern. Nach Dr. L. haben die Triebräder eines Kraftwagens, ohne daß Gleiten eintritt, einen mehrfachen Arbeitsverbrauch desjenigen der Vorderräder, und auf Seite 12 wird ausgesprochen, daß die Formänderungsarbeit bei tangential gerichtetem Wälzen ein Vielfaches der durch den Normaldruck K bedingten Formänderungsarbeit sein kann. Für Gummibereifung oder ähnliche stark dehnbare Stoffe wird man sich wohl eine ähnliche Wirkung vorstellen können. Aber ich meine, daß, wenn Dr. L. eine solche neue grundlegende Theorie des Widerstandes der rollenden Reibung einführen will, er bei der ihm offenstehenden Möglichkeit verpflichtet gewesen wäre, seine Annahmen durch systematische Versuche nachzuprüfen. Die Beobachtung des höheren Arbeitsverlustes bei Triebrädern von Automobilen gegenüber den Vorderrädern kann doch noch nicht als Beweis angesehen werden, daß dieser Arbeitsverlust nun auch tatsächlich der behaupteten Ursache und nicht etwa einem Gleit- oder Schlupfverlust entspringt, zumal es der Verfasser versäumt, anerkannte Verlustquellen, wie z. B. das Schlüpfen in einem Teil der Berührungsflächen, auch nur zu erwähnen, geschweige denn im Zusammenhang mit den von ihm genannten Verlusten zu diskutieren.

Besitzt aber die tangentiale Formänderung die Bedeutung, welche der Verfasser ihr zuschreibt, dann erscheint es um so auffälliger, daß er sie bereits in der Zusammenstellung der Verlustquellen auf Seite 15 Absatz b unterdrückt, bzw. mit dem Normaldruck K verquickt, von dem sie doch, wie ja gerade sein Beispiel der Automobilräder gezeigt hat, gänzlich unabhängig ist.

Die zweite Formänderungsarbeit besteht in der Deformation von Rad und Bahn unter dem Einfluß der Axialkraft K. Die sekundliche Deformationsarbeit beträgt nach der üblichen Darstellung der Mechanik bei der Winkelgeschwindigkeit w des Rades $K.f.w$. Um diesen Betrag ist also die aufzuwendende Arbeit gegenüber der Nutzarbeit zu erhöhen.

In Erstrebung des Zieles, welches er sich gesteckt hat, sucht Dr. L. diese Widerstandsarbeit als durch eine einzelne Widerstandskraft geleistet darzustellen, deren Größe, Richtung und Angriffspunkt — in der Einleitung wird sogar die Ermittlung der Verteilung der Kraft an der Berührungsstelle versprochen — zu bestimmen ist. Hierzu dienen Dr. L. die folgenden auf Seite 5 aufgestellten vier Sätze:

1. Die Resultierende der Formänderungskräfte steht senkrecht zur gemeinsamen Berührungsfläche.
2. Das Moment der resultierenden Formänderungskraft ist für jede Walze gleich groß.
3. Das Moment der resultierenden Formänderungskraft ist dem treibenden Moment entgegengesetzt gerichtet.
4. Die gemeinsame Berührungsebene der Walzen steht senkrecht zur Richtung der äußeren Kraft K.

Mit diesen Sätzen wird die Größe der resultierenden Formänderungskraft D mit K, ihre Richtung parallel zu K, ihr Hebelarm, bezogen auf die Walzenachse, mit f für ein Außenreibungsgetriebe, mit $+f$ und $-f$ für ein Innenreibungsgetriebe festgelegt. Die letztere Festlegung führt zu der unmöglichen und den anerkannten elementaren Grundlagen der Mechanik widersprechenden Kräfteverteilung der Abbildungen 7 und 28, in welchen die an der ersten Walze wirkende resultierende Formänderungskraft gegen ihre an der zweiten Walze wirkende Gegenkraft um die Strecke $2f$ versetzt gezeichnet wird.

Auch Herr Gümbel hat mein Buch nicht vollständig durchgearbeitet, nach seiner Angabe nur bis Abschnitt IIIb und IIIf, trotzdem gibt er ein abschließendes Urteil. Es ist leicht nachzuweisen, daß bei wirklichem Studium des Buches wahrscheinlich manche Bemängelung unterblieben wäre, insbesondere, wenn eine rein sachliche Kritik beabsichtigt war.

Herr Gümbel bemängelt, daß ich aus den Versuchen Kammerers auf die Kraftübertragung bei Rolltriebwerken durch kleine Oberflächenzähne als auf eine bewiesene Tatsache geschlossen habe. Herr Gümbel hätte sich zweifellos ein großes Verdienst um die wissenschaftliche Technik erworben, wenn er angegeben hätte, wie seiner Ansicht nach die Kraftübertragung bei solchen Triebwerken zu erklären sei, und wie darauf eine den wirklichen Tatsachen entsprechende Berechnung und Wertung lauten müsse.

Die Ergänzung zur Erläuterung des Formänderungsverlustes, die Herr Gümbel gibt: daß nach dem Vorbeigang jedes Zahns ein Teil der Deformationsenergie frei werde usw., ist ganz überflüssig, denn auf Seite 11 meines Buches ist das Erforderliche schon hinreichend behandelt.

Dort habe ich deutlich angegeben, daß der Formänderungsverlust auf unvollkommene elastische Beschaffenheit, mangelhafte Rückfederung usw. zurückzuführen ist und daher nur ein entsprechend kleiner Teil der Formänderungsarbeit verloren geht.

Herr Gümbel sagt nicht, aus welcher Stelle meines Buches er schließt, daß gerade mein Beispiel der Automobilräder gezeigt habe, daß die tangentiale Formänderung vom Normaldruck K völlig unabhängig sei.

In meinem Buche ist klar gesagt, daß die tangentialen Formänderungen unmittelbar nur von der Größe der zu übertragenden Zahnkraft Z an der Kraftübertragungsstelle abhängig sind; diese Kraft wird aber in ihrer Größe begrenzt durch den Haftwiderstand, und dieser wird erzeugt durch den Normaldruck K, der daher mittelbar für den Größtwert der tangentialen Formänderung maßgebend ist.

Es sind auch die tangentialen Formänderungen nirgends mit dem Normaldruck K unmittelbar verquickt, wohl aber in Beziehung gebracht mit dem Wälzarm f und selbstverständlich mit der Größe des die gesamten Formänderungsverluste wertenden Formänderungsmomentes $K \cdot f$.

Auf S. 13 Abs. b meines Buches sind die tangentialen Formänderungen bei der Zusammenstellung der Verlustquellen nicht unterdrückt, sondern es ist dort deutlich hervorgehoben, daß der Wälzarm f auch von der Größe der zu übertragenden Umfangskraft (Zahnkraft Z) abhängt.

Durch Versuche an Automobilgummirädern ist nachgewiesen, daß der Rollverlust bei Triebrädern von Kraftwagen, an denen wesentlich größere Zahnkräfte Z tangential wirken als an den Vorderrädern, ein Vielfaches des Vorderradverlustes sein kann, wobei sonst gleiche Betriebsverhältnisse, also besonders gleicher Normaldruck K an den Rädern wirkt.

Ich habe diesen Umstand den wesentlich größeren tangentialen Formänderungen der Triebräder zugeschrieben, während Herr Gümbel größere Gleit- und Schlupfverluste als Ursache für möglich hält, ohne dafür den geringsten Beweis zu erbringen. Aber selbst wenn seine Ansicht zutreffend wäre, müßten doch die zusätzlichen tangentialen Kraftwirkungen an den Triebrädern stets als grundlegende Ursache angesehen werden.

Ich habe deshalb den tangentialen Formänderungen einen maßgebenden Einfluß zugeschrieben und diesen Einfluß im Formänderungsmoment $K \cdot f$ gebührend berücksichtigt.

Dieses Formänderungsmoment darf daher nicht als statisches Moment des Normaldrucks K aufgefaßt werden, sondern nur als Widerstandsmoment, das alle Formänderungsverluste, also auch die durch die tangentialen Formänderungen hervorgerufenen, werten soll (vgl. hierzu meine Ausführungen auf S. 61 u. f.).

Daß gerade diese Einzelheit, trotz meiner wiederholten Hinweise auf die Bedeutung des Formänderungsmomentes, zu Mißdeutungen Anlaß geben könnte, war nicht anzunehmen, sonst hätte ich in meinem Buche noch nachdrücklicher hervorgehoben, daß das Formänderungsmoment nicht als ein statisches Moment des Normaldruckes K angesehen werden darf, weil die Formänderungsverluste nicht nur durch die Kraft K, sondern auch durch tangentiale Kräfte und viele andere Umstände beeinflußt werden, die bei ordnungsmäßigem Betriebe unmittelbar nichts mit dem Normaldruck K zu tun haben.

Über die wirkliche Lage des resultierenden Auflagedrucks $D = K$ an der Kraftübertragungsstelle und über die Darstellung und Kennzeichnung des Formänderungsmomentes $K \cdot f$ habe ich mich bereits ausführlich geäußert, ebenso über die Wertung der Formänderungsverluste beim Außen- und Innenwalzentrieb (vgl. hierzu S. 61 u. f.), so daß sich näheres Eingehen hier erübrigt.

Auch Herr Gümbel hat die Abb. 7 und 28 meines Buches, welche die Kraftwirkungen beim Innenwalzentrieb zeigen, mißdeutet, auch er hat die zur Kennzeichnung des Formänderungsmomentes $K \cdot f$ um den Hebelarm f verschobene Lage der resultierenden Auflagekräfte $D = K$ als wirkliche Lage dieser Kräfte angesehen. Und auch er verurteilt sofort, ohne nachzuprüfen, ob die aus meiner Darstellung abgeleiteten Kräftebeziehungen richtig oder falsch sind, und ob die sich daraus ergebende Wertung der Rollverluste der Wirklichkeit entspricht oder nicht.

Herr Gümbel gibt jedoch an, wie nach seiner Auffassung die richtige Darstellung zu lauten habe. Er führt hierzu folgendes aus:

Die richtige Darstellung hätte davon ausgehen müssen, daß die gemeinsame Berührungsfläche der beiden Zylinder — in roher Annäherung wenigstens — eine Zylinderfläche ist. Die Kräfte in dieser Zylinderfläche verteilen sich im Fall der Ruhe nach den Hertzschen Untersuchungen symmetrisch zur gemeinsamen Achsenebene über die Berührungsflächen. Im Fall der Bewegung wird die Kraftverteilung infolge der elastischen Nachwirkung ungleichmäßig, und zwar so, daß die Resultierende auf der Anlaufseite liegt. Wir erhalten dann:

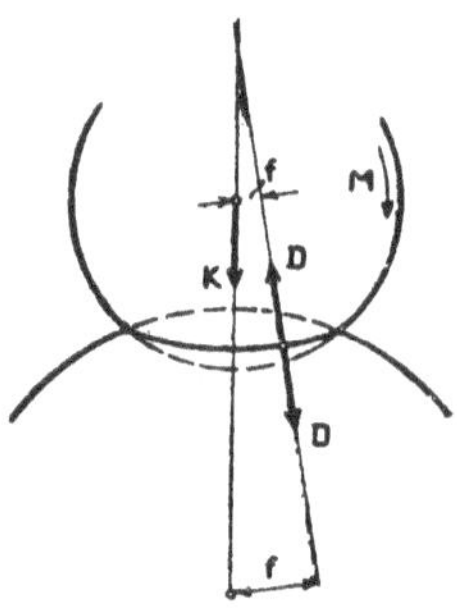

Bild 31.

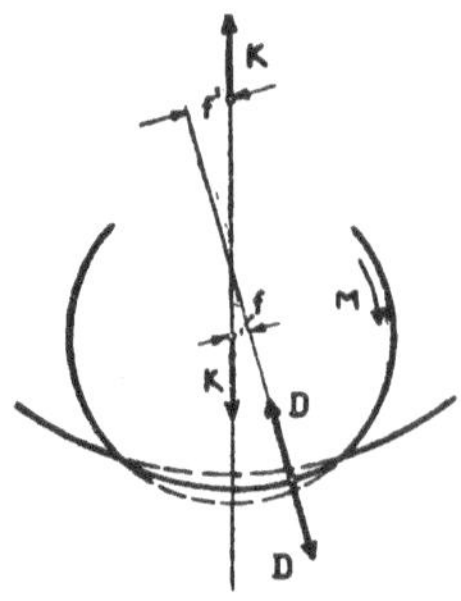

Bild 32.

1. für Außenberührung: die Resultierende D mit den Momenten $D \cdot f$ bzw. $D \cdot f'$ (Abb. 1) (hier Bild 31),
2. für Innenberührung: die zwischen den zwei Zylinderachsen hindurchgehende Resultierende D mit den Momenten $D \cdot f$ bzw. $D \cdot f'$, beide in der Tat entgegengesetzt zu den an den Walzen angreifenden treibenden Momenten (Abb. 2) (hier Bild 32).

Wie wir sehen, ist aber sowohl die vorausgeschickte Löfflersche Bedingung 4, daß die gemeinsame Berührungsebene der Walzen senkrecht zur Richtung der Kraft K steht, wie insbesondere die Bedingung 2, daß die Momente der resultierenden Formänderungskraft für beide Walzen gleich sind, nicht richtig. Ja, wir können uns den Fall denken, wo das Moment der resulierenden Formänderungskraft der einen Walze $= 0$ ist. Dieser Fall tritt dann ein, wenn eine starre Walze sich gegen eine zweite, jedoch elastische Walze dreht. Dann geht die Resultierende der Formänderungskraft durch die Achse der starren Walze, das Moment der Formänderungskraft ist hiernach $= 0$ (Abb. 3) (hier Bild 33).

Dr. L. hat sich also bereits auf der 5. Seite seiner Arbeit in so grundsätzliche Fehler verstrickt, daß die Weiterbehandlung seiner Aufgabe ihm mißglücken mußte.

Richtig ist die Darstellung Dr. Ls. nur, wenn man von dem Spezialfall gleichartiger Walzen von gleichem Durchmesser absieht, für den einen Fall: elastische Walze auf starrer Ebene. In diesem Fall (Abb. 4) (hier Bild 34) ist die gemeinsame Berührungsebene senkrecht zur äußeren Kraft und es gelten die Löfflerschen Beziehungen Seite 16:

$$K = D$$
$$M = Z \cdot r' + D \cdot f$$
$$Z = Z_1.$$

Sobald Z_1 größer ist wie $D \cdot \operatorname{tg} \varrho$, beginnt das Rad auf der starren Ebene zu gleiten. Aber schon bei nicht gleitender Bewegung tritt ein Schlupf der beiden Elemente des Reibungsgetriebes ein. Aus der Betrachtung der Abbildungen 1, 2 und 4 geht ohne weiteres hervor, daß das Verhältnis der

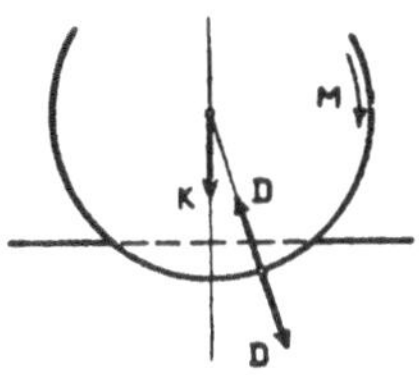

Bild 33.

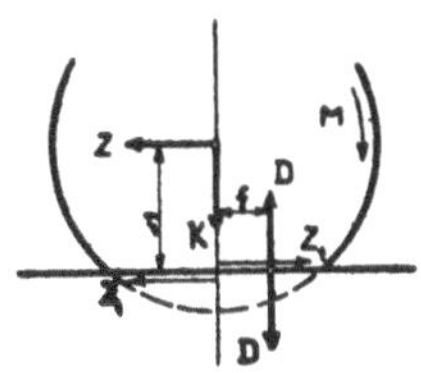

Bild 34.

Winkelgeschwindigkeiten der drehenden und der gedrehten Walze nicht von dem Verhältnis der Walzenhalbmesser abhängig ist, sondern von dem Verhältnis, in welchem die tatsächliche Berührungsfläche den Achsenabstand teilt. Dies Verhältnis kann gleich, kleiner oder größer sein wie das Verhältnis der Halbmesser, sonach kann die eine Walze gegen die zweite ohne Schlupf, mit positivem oder negativem Schlupf abrollen. Es ist auffällig, daß Löffler dieser Erscheinung, wie auch des oben bereits erwähnten durch die Verdrängung bedingten durch Reynolds nachgewiesenen Schlupfes, die beide untrennbar mit seiner Aufgabe verbunden sind, keine Erwähnung tut und den Schlupf überhaupt nur als ein unterbrochenes Gleiten des gesamten Körpers gegenüber einem zweiten Körper zu betrachten scheint (Seite 7 Abs. 1 und 2).

Herr Gümbel ist somit der Ansicht, daß während des Triebes die den axialen Drücken K beim Außen- und Innenwalzentrieb entsprechenden resultierenden Auflagedrücke D an der Kraftübertragungsstelle eine seitliche Verlagerung gegen die Achsenmittelebene der beiden Walzen erfahren, derart, daß im allgemeinen die Momenthebelarme an den beiden Walzenachsen f und f' verschieden groß werden.

Diese Darstellung der Kraftwirkungen beruht auf einer willkürlichen Annahme, die durch keinerlei Beweise gestützt ist. Sollen die an der gemeinsamen Kraftübertragungsfläche wirkenden elementaren Auflagekräfte dK nur von den Achskräften K herrühren, dann müssen im Ruhezustand die vertikalen Komponenten der elementaren Auflagedrücke eine

Resultierende ergeben, die gleich und entgegen gerichtet ist der Achskraft K und mit ihr in derselben Achsmittelebene wirkt, während die horizontalen Komponenten eine Resultierende Null ergeben (vgl. hierzu die Ausführungen über Bremsen auf S. 27 u. f. meines Buches).

Während des Ruhezustandes ergeben somit die Achsdrücke K und die zugehörigen elementaren Auflagedrücke dK kein statisches Drehmoment.

Bei der Bewegung ändert sich an der Wirkung der Achsdrücke K nichts. An allen Auflagestellen entstehen aber tangential gerichtete Zahnkräfte dZ, von der zu übertragenden Umfangskraft herrührend, die jedoch an der Wirkung der Achsdrücke K nichts ändern, so daß diese nach wie vor kein statisches Drehmoment bewirken können.

Bei verlustloser Kraftübertragung würde das resultierende Moment aller Zahnkräfte dZ dem aufgewendeten Moment M entsprechen, und bei einer Winkelgeschwindigkeit w wäre die aufzuwendende Leistung $L = Mw = \Sigma (dZ \,.\, r)\, w$.

Durch die Übertragungswiderstände wird die aufzuwendende Leistung bei derselben Winkelgeschwindigkeit w größer als L, und zwar $L_1 = L + L_f = M_1 w = \Sigma (dZ \,.\, r)\, w + M_f \,.\, w$. Das Drehmoment M_f wird als Formänderungsmoment bezeichnet; es ist ein Widerstandsmoment, das von den Formänderungswirkungen herrührt.

Die statischen Gleichgewichtsbedingungen der Kräfte lassen keine Wertung der Formänderungsverluste zu, denn die statischen Wirkungen entsprechen einem Ruhezustande, für den das aufgewendete Moment gleich ist dem resultierenden Moment der Zahnkräfte, weil andere statische Drehmomente nicht vorhanden sind.

Um nun die Formänderungsverluste bei der Bewegung in den statischen Gleichgewichtsbedingungen werten zu können, hat man in die statische Momentengleichung der Kräfte das Formänderungsmoment als ein Widerstandsmoment eingeführt. Damit hierbei den statischen Gleichgewichtsbedingungen der wirkenden Kraftkomponenten nicht widersprochen wird, hat man als Formänderungskraft des Widerstandsmomentes M_f die Achskraft K eingeführt, die ja die ursächliche Kraft aller Formänderungswirkungen ist; denn auch zur Erzeugung der zur Kraftübertragung erforderlichen Zahnkräfte muß eine ausreichend große Achsspannung K aufgewendet werden.

Die Wirkungsmöglichkeit eines solchen Widerstandsmomentes $K \cdot f$ ist durch die elastische Nachwirkung, durch unzureichende elastische Rückfederung und andere Ursachen beim Abrollen wohl erklärbar (vgl. hierzu die Ausführungen auf S. 10 u. f. meines Buches), doch darf aus einer solchen Erklärung nicht geschlossen werden, daß es sich hierbei wirklich um ein statisches Moment der Kraft K am Hebelarm f handelt. Das wäre ebenso unzulässig, als wenn man bei dem früher erläuterten Biegungsfall (S. 65 und Bild 23) das Einspannungsmoment $M_b = P \cdot f$ als ein statisches Moment einer Kraft P ansähe, die etwa rechts vom Balkenende in der Entfernung f angriffe. Eine solche Mißdeutung würde unweigerlich zu Widersprüchen mit Lehrsätzen und mit der Wirklichkeit führen.

Die Einführung des Formänderungsmomentes $K \cdot f$ ist eine Erfahrungswertung für die beim Abrollen zu überwindenden elastischen Widerstände, die bei richtiger Deutung und Anwendung durchaus zulässig ist. Nur muß die Erfahrungsgröße f durch Nachprüfung der Wirklichkeit, durch richtige Versuche ermittelt werden.

Die Wertung der Formänderungsverluste durch ein Widerstandsmoment $K \cdot f$, dem eine Umfangskraft von $K_u = \frac{K \cdot f}{r}$ am Radius r der Walze entspricht, ist dann auf gleiche Grundlage gebracht wie die Wertung der Reibungsverluste durch eine widerstehende Reibungskraft $K \cdot \mu$.

Auch die Reibungswirkungen sind als Formänderungswirkungen außer vom Normaldruck K noch von zahlreichen anderen Einflüssen abhängig, die alle durch die Reibungszahl μ gewertet werden, ähnlich wie die Rollverluste durch die Erfahrungsgröße f, welche auch alle Abhängigkeiten und Einflüsse in sich vereinigt.

Auch bei den Reibungswirkungen sind tangentiale Formänderungen maßgebend, die von den Reibungskräften W herrühren, ähnlich wie bei Rolltrieben die tangentialen Formänderungen durch die Zahnkräfte Z bewirkt werden.

Beim Abrollen sind aber die Formänderungen stets wesentlich kleiner als beim Bremsen, und dementsprechend betragen die Rollverluste nur einen Bruchteil der Gleitreibungsverluste.

Es können bestimmte Umfangskräfte (Zahnkräfte) durch einen Walzentrieb übertragen werden, solange die tangentialen Formänderungen einen Größtwert nicht überschreiten.

Bei einem bestimmten oberen Grenzwert der Zahnkräfte versagt die Kraftübertragung, die getriebene Walze bleibt stehen und die treibende Walze gleitet an ihr vorbei. Die ganze aufgewendete Leistung wird dann zur Überwindung der Gleitreibungsleistung aller an Stelle der Zahnkräfte wirkenden tangentialen Reibungskräfte aufgezehrt. Bei der Winkelgeschwindigkeit w ist dann das aufgewendete Drehmoment M_w gleich dem Reibungsmoment.

Ein zusätzliches Widerstandsmoment kann nicht mehr wirksam sein, also auch kein Formänderungsmoment M_f als statisches Moment des resultierenden Auflagedruckes D. Das müßte aber der Fall sein, wenn nach der Annahme des Herrn Gümbel die resultierende Auflagekraft D tatsächlieh eine seitliche Verlagerung erführe, deren Hebelarme f und f_1 immer größer werden, je größer die Formänderungswirkungen sind. Beim Gleiten müßte daher neben dem Moment der Gleitreibungskräfte ein Größtwert des Formänderungsmomentes $D \cdot f$ zusätzlich in Rechnung gestellt werden, was allen Erfahrungen und der üblichen Wertung der Gleitreibungswirkungen widerspricht (vgl. hierzu Bild 30, S. 73).

Ähnlich wie durch die Reibungszahl μ stets nur die Reibungsverluste und die Reibungswirkungen beider Reibkörper gewertet werden können, sind die Rollverluste zweier Rollkörper nur durch eine Erfahrungsgröße f wertbar, denn die Formänderungswirkungen an der Berührungsstelle sind stets von der Beschaffenheit und dem Betriebszustande beider Rollkörper abhängig.

Nach der Theorie des Herrn Gümbel sind aber zur Wertung mindestens zwei unbekannte Erfahrungsgrößen f und f_1 notwendig, die sich durch Versuche gar nicht ermitteln lassen. Es wäre jedenfalls nötig, daß Herr Gümbel angäbe, wie diese Erfahrungsgrößen zu messen sind, da sonst seine Theorie jeden Boden verliert. Außerdem müßte er die Widersprüche zwischen seiner Theorie und der nach allen Erfahrungen üblichen Wertung der Reibungswirkungen aufklären.

Die Gümbelsche Theorie führt aber noch zu weiteren Widersprüchen mit der Wirklichkeit. Auch nach seiner Theorie sollen jedenfalls die Rollverluste durch die Formänderungsmomente $D \cdot f$ gewertet werden. Bei den durch die Bilder 33 u. 34 gekennzeichneten Sonderfällen handelt es sich das eine Mal um das Abrollen einer starren Walze auf nachgiebiger Bahn, das andere Mal um das Abrollen einer nachgiebigen Walze auf starrer Bahn. Nach der Gümbelschen Theorie ist nur im zweiten Falle (Bild 34) ein Rollverlust vorhanden, während im ersten Falle verlustloses Rollen erfolgt, denn die resultierende Auflagekraft D gibt kein Moment $D \cdot f$.

Jedem Fachmann würde eine solche Unstimmigkeit in den Ergebnissen sofort auffallen, Herr Gümbel hat sie nicht beachtet. Das wichtigste ist ja, daß seine Theorie seinen ‚Grundsätzen' entspricht, die aber nur Annahmen sind; die Wirklichkeit ist anders.

Widersinnig sind die Schlußfolgerungen, die Herr Gümbel aus seiner Theorie bezüglich des Schlupfes zieht. Nach ihm ist es bei einem Walzentriebe (z. B. Bild 31) möglich, daß die getriebene Walze ohne Schlupf gegenüber der treibenden läuft oder sogar dieser Walze voraneilt.

Es ist wohl zweifellos, daß Herr Gümbel den Schlupf während der ordnungsmäßigen, stetigen Kraftübertragung meint, der durch die Formänderungen bewirkt wird und den ich als Formänderungsschlupf bezeichnet habe (vgl. S. 59 u. f.).

Ein solcher Schlupf muß stets eintreten, auch wenn die Berührungsfläche den Achsenabstand im gleichen Verhältnis teilt wie die Radien, und zwar muß stets die getriebene Walze nacheilen.

Der Schlupf ist doch nichts anderes als der Unterschied der Geschwindigkeit an der Kraftübertragungsstelle der beiden Walzen. Es kann sich daher nur um einen Unterschied der Bewegung der beiden Walzen in tangentialer Richtung an der gemeinsamen Berührungsstelle handeln.

Eine tangentiale Formänderung in Richtung der zu übertragenden tangentialen Umfangskraft findet aber an der Kraftübertragungsstelle stets statt, und um die Größe dieser tangentialen Formänderung bleibt stets die getriebene Walze gegenüber der treibenden zurück, gleichgültig, welche der beiden Walzen nachgiebiger ist.

Ein Voreilen der getriebenen Walze gegenüber der treibenden würde bei ordnungsmäßiger, stetiger Kraftübertragung einem wichtigen Grundgesetz der Mechanik, nämlich dem Gesetz von der Erhaltung der Energie widersprechen.

Nur bei unstetiger Kraftübertragung, unter Stoß- und Massenwirkung, wäre ein Voreilen der getriebenen Walze denkbar. Eine solche unstetige Wirkung kann aber Herr Gümbel zweifellos nicht im Sinne gehabt haben.

Man erkennt somit, daß die neue Gümbelsche Theorie seinen Bildern nach zwar dem Grundgesetze der Mechanik von der Wechselwirkung der Kräfte entspricht, daß sie aber im Widerspruch mit den tatsächlichen Kraftwirkungen und der bisher üblichen Wertung der Reibungserscheinungen steht. Sie führt zu Ergebnissen, die nach wichtigen Grundgesetzen der Mechanik und der Wirklichkeit unmöglich sind.

Außerdem ist eine Wertung der Rollverluste nach der Gümbelschen Theorie überhaupt nicht möglich, weil seine Wertzahlen (f und f_1) durch Versuche nicht bestimmt werden können. Nur wenn er, beispielsweise beim Außenwalzentrieb (Bild 31), $D = \sim K$ und $f = \sim f_1$ setzt, ist eine Wertung und Nachprüfung durch Versuche praktisch ausführbar. Dann gelangt er aber zu den gleichen Rechnungsergebnissen, wie sie in meinem Buche angegeben sind.

Herr Gümbel wendet sich nunmehr meiner Untersuchung des Riementriebes zu und führt hierüber folgendes aus:

Nach den unmittelbaren Reibungsgetrieben behandelt Dr. L. unter nichtorganischer Zwischenschaltung der Bremsen die mittelbaren Reibungsgetriebe: die Riemen und Seiltriebe.

In diesem Kapitel kommt die ganze Unzulänglichkeit der Löfflerschen Vorstellungen und Ziele zum Ausdruck. Bei konsequenter Verfolgung der Löfflerschen Vorstellung muß man sich den Vorgang des Riemenumlaufs etwa so vorstellen, als wälze sich die Scheibe auf der geraden Riemenbahn, wobei die Bahn sich nach dem Vorbeigang der Scheibe auf dieser aufwickelt. Hierbei würde an der ersten Berührungsstelle das Löfflersche ‚tangential gerichtete Abwälzen der Scheibe am Riemen' stattfinden, und man könnte das Formänderungsmoment als Einzelkraft z. B. gleich der Riemenkraft entsprechend der Verlustarbeit um den Hebelarm f gegen den Anlaufpunkt versetzt an der Scheibe einführen. Dr. L. geht anders vor. Er sagt aus, daß an allen Stellen der Berührungsflächen ein tangential gerichtetes Abwälzen der Scheibe am Riemen stattfindet und daß der durch die Formänderung des Riemens und der Scheibe hervorgerufene Formänderungswiderstand an allen Punkten der Berührungsflächen als Formänderungsmoment $dK.f$ zur Wirkung kommt. Wie soll man diese Aussage verstehen? Wie soll an allen Punkten der Berührungsfläche eine Formänderungsarbeit geleistet werden, wo doch nur an zwei Berührungslinien des Riemens, nämlich an der Auflauf- und an der Ablaufstelle, eine Formänderung des Riemens überhaupt möglich ist und ein Gleiten des Riemens von Dr. L. ausdrücklich ausgeschlossen wird?

Trotzdem ein Gleiten des Riemens ausgeschlossen wird, rechnet aber Dr. L. mit veränderlichen Kräften im Riemen, die doch notwendigerweise mit Längenänderungen und damit mit einem stellenweisen Gleiten des Riemens gegen die Scheibe verbunden sein müssen.

Das Studium des Kapitels III 1 S. 1, die Elemente des Riementriebes betreffend, genügt, um die Beurteilung der Löfflerschen Arbeit zum Schluß zu bringen. In den Ausführungen dieses Kapitels zeigt sich, daß Löffler nicht etwa nur, wie man dies vielleicht noch beim unmittelbaren Reibungstrieb annehmen könnte, aus Flüchtigkeit gefehlt hat, sondern daß es sich um einfaches Nichtverstehen der elementarsten Grundbegriffe der Mechanik handelt.

Ich habe mich natürlich innerlich gesträubt, diese Ansicht anzunehmen und immer wieder versucht, den Gegenstand so hin und herzurücken, daß ich für Dr. L. günstige Ansichten gewinnen konnte. Nach dem Studium des Kapitels über den einfachen offenen Riementrieb ist es mir unmöglich, anders als wie eben ausgesprochen zu urteilen. Mit dieser Einsicht gewinnt man aber auch die Erklärung für so manches, was einem an Einzelheiten beim Durchlesen des Buches Schwierigkeiten machte.

Nach Herrn Gümbel ist beim Riemen nur an der Anlauf- und Ablaufstelle eine Formänderung möglich, an der Auflagestelle des Riemens aber nicht. Das ist wieder eine Behauptung ohne Beweis. Daß beim Riementrieb an allen Auflagestellen Kräfte wirken und übertragen werden, daß die Riemenspannungen sich von der Ablauf- zur Anlaufstelle stetig von t auf T vergrößern, daß den Kraftwirkungen an allen Stellen auch Formänderungen entsprechen müssen, wird übergegangen.

Ein Gleiten des Riemens im Sinne einer Bandbremswirkung habe ich allerdings für ausgeschlossen und für unvereinbar mit einer ordnungsmäßigen Kraftübertragung erklärt, nicht aber Formänderungen durch die Kraftwirkungen, nur haben diese nichts mit einer Gleitwirkung im Sinne einer Bremse zu tun; solche Gleitwirkung ist nur bei zeitweiligem Versagen der Kraftübertragung denkbar (vgl. hierzu die Erläuterungen auf S. 41 und Bild 14).

Ich kann nach dieser Kennzeichnung der sachlichen Bemerkungen des Herrn Gümbel zum Riementrieb seine persönlichen Bemerkungen ohne jede Entgegnung dem Urteil der Sachkundigen überlassen.

Herr Gümbel spricht weiter verschiedene Bemängelungen in Form von Fragen aus, die ich gern beantworten will. Er schreibt:

Ich will nur einiges hervorheben.

Warum wirken in Abbildung 5 die Zahnkräfte nicht, wie es bei allen Zahntrieben der Fall ist, in einer Linie, welche gegen die Zentrale geneigt ist?

Warum die Unterscheidung zwischen tangential und normal gerichtetem Wälzen?

Warum soll bei tangential gerichtetem Abwälzen Gleiten und Wälzen nicht gleichzeitig erfolgen können?

Seite 22 2. Absatz soll doch wohl lauten: Der Wälzarm f ist bei ebener fester Bahn kleiner als bei konvexer, größer als bei konkaver Bahn. Die allgemeine Angabe: ,kleiner als bei krummer Bahn' dürfte irrig sein.

Wie kann, wenn der Riemen durch das Aneinandergepreßtwerden der Oberflächenzähne des Riemens und der Scheibe am Abheben von der Scheibe verhindert wird, von einer Verringerung des Einflusses der Fliehkraft auf die Lagerbelastung gesprochen werden? Sollte dem Verfasser tatsächlich entgangen sein, daß die Reibungskraft, welche zwischen den Oberflächenzähnen des Riemens und der Scheibe wirkt, in ihrer Gegenkraft mit dem gleichgroßen Betrag die Lagerbelastung verringert?

Die Zahnkräfte, welche ich bei der Kraftübertragung durch Walzen angenommen habe, sind doch nicht mit den Zahnkräften bei wirklichen Zahntrieben unmittelbar zu vergleichen. In der Abb. 5 und anderen ähnlichen Abbildungen meines Buches sind die Zähne nur zur Versinnbildlichung der Kraftübertragung durch die kleinen Oberflächenunebenheiten übertrieben vergrößert dargestellt.

Die einzelnen elementaren Zahnkräfte dZ können somit selbstverständlich verschiedene Richtungen haben, doch steht die resultierende Zahnkraft Z, welche in Abb. 5 allein angegeben ist, mit großer Annäherung an die wirklichen Verhältnisse senkrecht zur resultierenden Auflagekraft K, und sie wirkt in der gemeinsamen Berührungsfläche beider Walzen.

Zwischen tangential und normal gerichtetem Wälzen habe ich unterschieden, weil bei ersterem die Bewegung in Richtung der tangentialen Umfangskräfte an der Kraftübertragungsstelle erfolgt, während sie bei letzterer Wälzart besonders in Richtung des Normaldruckes K geschieht und beliebig große Kräfte übertragen werden können. Beim tangential gerichteten Wälzen ist dagegen eine obere Grenze für die Kraftübertragung gegeben, die aufhört oder versagt, sobald an der getriebenen Walze der Nutzwiderstand zu groß wird und ein tangentiales Gleiten im Sinne einer Bremswirkung eintritt.

Aus diesem Grunde kann auch bei tangential gerichtetem Wälzen und ordnungsmäßiger Kraftübertragung Gleiten und Wälzen nicht gleichzeitig erfolgen.

Die Bemerkung auf S. 22, Abs. 2, meines Buches ist richtig. Sie gilt natürlich nur im Zusammenhange mit den zugehörigen anderen Ausführungen, also nur, wenn außer den Krümmungsverhältnissen alle anderen Umstände der Laufbahnen gleichartig sind.

Bezüglich der letzten Frage des Herrn Gümbel verweise ich auf meine Ausführungen S. 22 u. f. zu den Bildern 9 u. 10. Hieraus geht hervor, daß Herr Gümbel die mit der Wirkung der Zahnreibungskräfte zusammenhängende Entlastung der Auflagekräfte des Riemens durch die Fliehkräfte mißverstanden hat und deshalb unzutreffende Schlußfolgerungen zieht.

Herr Gümbel wendet sich nunmehr dem Kapitel über Bremsen zu und bemerkt:

> Ich hatte zu Anfang ausgesprochen, daß das Studium des Buches in manchen Teilen den Eindruck erweckt, als sei es dem Verfasser hauptsächlich auf Erzielung besonderer Wirkung auf den Leser angekommen.
>
> Dies gilt besonders für das Kapitel Bremsen.
>
> Liest man in diesem Kapitel einen Satz wie den auf Seite 31 fettgedruckten: ‚Die Ergebnisse zeigen, daß die Vorausberechnung einer Backenbremse ohne Kenntnis der Auflagekräfte dK nicht möglich ist', so erwartet man, in eingehenden Untersuchungen die Begründung eines so einschneidend wichtigen Satzes, welcher sämtliche vorhandenen Versuchsergebnisse anzweifelt und für wertlos erklärt, zu finden. Wie steht es nun tatsächlich mit der Behauptung? Tatsächlich ist das Reibungsmoment, wenn man mit Dr. L. ‚feste oder wenig nachgiebige Bremsbacken' annimmt, bei einem Umfassungswinkel des Bremsklotzes von $90^0 = 1{,}1 \cdot R \cdot P \cdot \operatorname{tg} \varrho$ gegen $R \cdot P \cdot \operatorname{tg} \varrho$, wenn die Kraft als Einzelkraft wirkt. Der Fehler, der also bei Annahme von P als Einzelkraft gemacht wird, beträgt bei 90^0 nur 10%, liegt also innerhalb der Genauigkeitsgrenzen, in denen die Größe $\operatorname{tg} \varrho$ selbst im allgemeinen bekannt ist.
>
> Die Tatsache, daß Dr. L. seine eigenen weiteren Untersuchungen auf einer angenommenen Verteilung der Auflagekräfte aufbaut, scheint nur zu beweisen, daß der Verfasser selbst dem oben angeführten Satz die Bedeutung nicht beilegt, die er ihm durch seine Hervorhebung im Text gegeben zu haben schien.

Der von Herrn Gümbel beanstandete gesperrt gedruckte Absatz auf S. 31 meines Buches hat wohl allgemeine Bedeutung, er bezieht sich aber insbesondere auf die vorangegangene Untersuchung der Kraftwirkungen am Bremsbackenhebel. Wenn Herr Gümbel hierfür ein Beispiel durchgerechnet hätte, dann würde er unzulässig große Unterschiede gegenüber der üblichen Rechnung festgestellt haben. Ich verweise auch auf die Bemerkungen S. 28 u. f.; sie zeigen, daß die Anschauungen des Herrn Gümbel, welche die Güte und Richtigkeit der bisher üblichen Rechnungen über Reibungswirkungen stützen sollen, wenig im Einklang stehen mit der bedenklichen Unzuverlässigkeit und Unsicherheit der bisher bekanntgegebenen Reibungszahlen, für deren richtige Ermittelung durch wissenschaftliche Betriebsversuche eine möglichst zuverlässige Erkenntnis der Kraftwirkungen und aller Einflüsse der Reibungswirkungen unbedingt notwendig ist.

Meine weiteren Untersuchungen über Bremswirkungen habe ich zunächst auf einer allgemeinen, unbestimmten Verteilung der Auflagekräfte aufgebaut, wie das Kapitel über ‚Bandbackenbremsen' meines Buches zeigt, und nur bei den Bandbremsen habe ich für die Berechnungen eine nach den praktischen Erfahrungen durchaus zutreffende gleichmäßige Verteilung der Auflagekräfte angenommen.

Schließlich äußert sich Herr Gümbel über meine Untersuchung der Bandbremsen folgendermaßen:

Ähnlich liegt es bei der Berechnung der Bandbremsen. Hier wird mit einem großen Aufwand von Rechnung die endliche Dicke des Bremsbandes in die Rechnung eingeführt, um das selbstverständliche Ergebnis zu gebären, daß die Reibungskraft am Trommelumfang wirkt und von der Dicke des Bremsbandes — gleichmäßige Anlage vorausgesetzt — unabhängig ist. Übrigens scheint mir die Verteilung der Kräfte im Bremsband unrichtig dargestellt. Denn es ist nicht zu erkennen, wie in einem Bremsband, welches an allen Punkten an der zylindrischen starren Bremsscheibe anliegt und in der Form des Zylinders gebogen und bearbeitet ist, die ermittelte Kräfteverteilung überhaupt möglich sein soll.

Und endlich verweise ich auf die Beispiele der Abbildung 45 und Abbildung 62. Soll man wirklich annehmen, daß Dr. L. nicht wußte, daß der in Abbildung 45 behandelte Sonderfall ein, wenn auch theoretisch möglicher, doch wirklichkeitswidriger ist, oder daß er sich nicht klar darüber gewesen sei, daß eine Differentialbremse, bei welcher das auflaufende Bremsbandende gleich dem ablaufenden ist, bei welchem also die Differenz zwischen dem auflaufenden und ablaufenden Bremsband gleich 0 wird, überhaupt keine Bremse ist, es sei denn, sie wirke durch die natürliche Vorspannung des Bremsbandes?

Nach allem komme ich nach pflichtgemäßer und vorurteilsfreier Prüfung des Buches zu dem eingangs bereits vorangestellten Schluß, daß der Verfasser nicht nur nicht die Grundlagen der Elementarmechanik beherrscht, sondern auch von den in mannigfachen gründlichen Arbeiten niedergelegten und durch die Beobachtung bestätigten Forschungsergebnissen nichts zu wissen scheint oder an diesen Ergebnissen mit einer Leichtigkeit vorbeigeht, die seine Arbeit — selbst wenn man von den ganz offenliegenden Fehlern absieht — jedes wissenschaftlichen Wertes beraubt und dieselbe für den ausführenden Ingenieur zu einer Quelle der Verwirrung werden läßt.

Die Untersuchungen über Bandbremsen in meinem Buche haben nicht zu dem selbstverständlichen Ergebnis geführt, daß die Reibungskraft am Trommelumfang wirkt und von der Dicke des Bremsbandes unabhängig ist, sondern zu einer Reihe wichtiger Erkenntnisse, die Herr Gümbel beim Studium meines Buches anscheinend übersehen hat.

Zunächst habe ich gezeigt, daß für die Berechnung des resultierenden Reibungsmomentes aus den resultierenden Bandspannungen T und t nicht das Produkt aus der Spannungsdifferenz $T-t$ und dem mittleren Radius des Bremsbandes, sondern das Produkt aus Spannungsdifferenz $T-t$ und dem Radius R der Bremsbandauflagefläche maßgebend ist, weil wegen der Spannungswirkungen und der Gleichgewichtsbedingungen der Kräfte das Produkt aus der resultierenden Bandspannung jedes Bandquerschnittes und dem Abstand dieser Spannung von der Auflagefläche konstant sein muß. Zu dem gleichen Endergebnis für die Berechnung des resultierenden Bremsmomentes käme man, wenn die resultierenden Bandspannungen T und t, anstatt innerhalb des Bandes, an der Auflagefläche wirkend vorausgesetzt werden könnten.

Des weiteren habe ich erstmalig die gesetzmäßige Verteilung der Auflagekräfte an der Bremsbandlauffläche und die mit den Bremskräften zusammenhängende Beanspruchung der Bremswellen untersucht, was zur Aufklärung wichtiger Betriebserfahrungen mit Bremsen führte.

Schließlich habe ich die gewonnenen Erkenntnisse zur Aufstellung von Formeln zur Berechnung verschiedener Bremsformen benutzt. Bei der Untersuchung eines Sonderfalles einer Differenzialbremse (Abb. 62 meines Buches) habe ich eine unzutreffende Bemerkung gemacht, über die ich mich schon S. 33 näher geäußert habe. Auf die Rechnungsergebnisse des behandelten Beispiels hat dies aber keinen Einfluß.

Der Hinweis hierauf und auf die Abb. 45 meines Buches über eine Sonderform der Bandbackenbremse (vgl. hierzu die Bemerkungen auf S. 29) läßt den innigen Zusammenhang erkennen zwischen dem Gutachten des Herrn Gümbel und dem des Herrn Meyer.

Die Bemerkung des Herrn Gümbel, daß ihm die Verteilung der Kräfte im Bremsband in meinem Buche unrichtig dargestellt erscheint, zeugt deutlich die bei einseitigen Theoretikern beliebte Art der Kritik. Anstatt anzugeben, was an meiner Untersuchung unrichtig ist und wie die Kraftwirkungen sich tatsächlich abspielen müssen, wird nur behauptet und angezweifelt, nichts bewiesen. In meinem Buche ist gerade die Kraftverteilung im Bremsband so ausführlich behandelt, daß, wenn ein Irrtum darin enthalten wäre, jeder Fachmann leicht zu ermessen vermöchte, welche Überlegungen unrichtig sind und wie richtig zu rechnen wäre.

Ebensowenig wie das Meyersche Gutachten ist das Gümbelsche geeignet, die durch mein Buch ‚Mechanische Triebwerke und Bremsen' gewonnenen Erkenntnisse zu entkräften und die durchgeführten Berechnungen zu widerlegen. Beide haben nur Behauptungen vorgebracht, ohne Beweise und ohne zu zeigen, wie die Untersuchungen und Berechnungen nach Ansicht der Kritiker durchgeführt werden müßten, damit nicht nur den Grundsätzen der Mechanik, sondern auch der Wirklichkeit und den praktischen Erfahrungen entsprochen wird.

In der Einleitung und am Schluß seines Gutachtens zieht Herr Gümbel nicht nur ein abschließendes Urteil über mein Buch, sondern auch über meine Kenntnisse und Fähigkeiten. Ob Herr Gümbel nach dem sachlichen Inhalt seines Gutachtens dazu berechtigt ist, überlasse ich ruhig dem Urteil der Sachkundigen und Erfahrenen.

Herr Gümbel hat sich jedenfalls seine Arbeit sehr leicht gemacht. Zunächst hat er das Buch nur teilweise gelesen, und dann behauptet er allerlei, ohne es zu beweisen. Für den schwerwiegenden Vorwurf, daß die Untersuchungen und Ergebnisse meines Buchs den Erfahrungstatsachen der Maschinenbaupraxis ‚grob widersprechen', hat er nicht ein einziges Beispiel angeführt.

Die Gutachten der Herren Meyer, Weber und Gümbel sind wahre Musterbeispiele für die Art, wie sich manche Theoretiker über die Erfahrungstatsachen der Praxis hinwegsetzen und sich auf allen Fachgebieten der Technik zu einem entscheidenden Urteil berufen glauben.

VII. Ergebnisse und Erwartungen.

Die Gutachten der gleichgestimmten Theoretiker über mein Buch ‚Mechanische Triebwerke und Bremsen' sind ihrem eigentlichen Zwecke nicht gerecht geworden, nämlich den Nachweis zu erbringen, daß meine Untersuchungen über die Kraftwirkungen bei Reibungstrieben den anerkannten wissenschaftlichen Grundlagen nicht entsprechen. Noch weniger ist es ihnen gelungen, die gewonnenen neuen Erkenntnisse zu entwerten.

Dagegen zeigen sie deutlich, welch ein geringes Maß wissenschaftlicher und praktischer Einsicht auf dem Gebiete der Reibungswirkungen bei diesen Vertretern der ‚klassischen' und ‚exakten' Lehre theoretischer Technik zu finden ist, und liefern aufs neue den Beweis, daß Fortschritt der Erkenntnis von bloßen theoretischen Erörterungen nicht zu erwarten ist.

Fortschritt und Weiterentwicklung auf diesem wichtigen Gebiete der Technik kann nur durch Sachkundige und Erfahrene erreicht werden, welche die engbegrenzte Gültigkeit theoretischer Überlegungen durch verantwortliches praktisches Gestalten und Anwenden selbst kennen gelernt haben.

Solchen Fachleuten muß Gelegenheit geboten werden, wissenschaftliche Betriebsversuche im großen auszuführen, an wirklichen Triebwerken und Bremsen, dann erst werden wir die notwendigen zuverlässigen Grundlagen für das Schaffen des gestaltenden Ingenieurs erlangen.

Die Vorbereitung und Ausführung solcher Versuche setzt aber eine der Wirklichkeit entsprechende Kenntnis der Kraftwirkungen voraus, die wiederum nur durch praktische Erfahrungen gewonnen werden kann.

In meinem Buche ‚Mechanische Triebwerke und Bremsen' habe ich versucht, die Kraftverhältnisse bei Reibungswirkungen zu klären und zu zeigen, wie eine richtige und einheitliche Erfahrungswertung durch wissenschaftliche Betriebsversuche zu ermöglichen ist.

Bei meinen Überlegungen habe ich aber manches als einfach und selbstverständlich betrachtet und daher nur kurz erläutert, was anscheinend doch, wenigstens theoretisch denkenden Köpfen, nicht ohne weiteres erfaßbar ist. Die Gutachten der Theoretiker lassen erkennen, daß bei geringer praktischer Erfahrung zumeist auch das Vorstellungsvermögen ungenügend entwickelt ist, und daraus ergeben sich falsche Auffassungen und Mißdeutungen. Die Auseinandersetzung mit den Kritikern meines Buchs ist mir daher insofern nicht unwillkommen, als sie mir Gelegenheit zu weiteren Erläuterungen bot, die zur Klärung der Kräftezusammenhänge bei Reibungstrieben beitragen können.

Von größter Bedeutung ist die Ausführung von Versuchen zur Gewinnung einwandfreier Erfahrungsgrößen für die Wertung von Reibungswirkungen. Mit den bisher in der technischen Literatur verbreiteten Reibungszahlen kann der gestaltende Ingenieur nicht zuverlässig und verantwortlich arbeiten.

Der bestehende Zustand wird gekennzeichnet durch die Zahlen für ‚Bremsen', die in der neuesten Auflage (1915) des

Ingenieurtaschenbuchs ‚Hütte' angegeben sind. Dort werden (S. 244) für das Zusammenarbeiten von Bremsklötzen aus Pappelholz mit schmiedeeisernen Scheiben Reibungszahlen von 0,65—0,6 genannt.

Bremsen für Bergwerksfördermaschinen mit ihren gewaltigen Abmessungen ergeben, wenn man sie mit diesen hohen Werten berechnet, unzureichende Bremswirkung und können unter Umständen zu gefährlichen Betriebsstörungen führen.

Eigenartig berühren die für die Benutzung dieser Reibungszahlen in der ‚Hütte' gegebenen Erläuterungen. Danach sollen die niedrigeren Werte gelten, wenn die Bremsfläche mit Benzin gereinigt, die höheren Werte, wenn sie nur sauber abgewischt wurde; bei gußeisernen Scheiben aber soll die Sache gerade umgekehrt sein!

Das sind die Ergebnisse bisher ausgeführter wissenschaftlicher Versuche mit Bremsen. Und mit solchen Werten sollen Ingenieure verantwortlich schaffen!

Wagt es jemand, dies als einen unhaltbaren Zustand zu bezeichnen und Abhilfe zu fordern, so finden sich sogleich erfahrungslose Theoretiker, die alles Bestehende für gut erklären, unrichtige alte Anschauungen verteidigen und dadurch den Fortschritt hemmen.

Abhilfe ist nur möglich, wenn die erforderlichen verhältnismäßig hohen Kosten für die Ausführung von Großversuchen von berufener Seite aufgewendet werden. Die Wichtigkeit der Aufgabe rechtfertigt größere Ausgaben und fordert die Mitarbeit tüchtigster Fachleute. Es sind jedenfalls schon oft große Summen für Versuche anderer Art bereitgestellt worden, die nicht im entferntesten die Bedeutung der angeregten Reibungsversuche besitzen.

Hier läge eine dankbare Aufgabe für den Verein deutscher Ingenieure vor, der die erforderlichen Geldmittel zusammen mit der beteiligten Industrie wohl unschwer aufzubringen vermag. Durch die Lösung der Aufgabe würde er sich um die Förderung der Technik ein unvergängliches Verdienst erwerben.

Druck von Breitkopf & Härtel in Leipzig.

Zeitfracht Medien GmbH
Ferdinand-Jühlke-Straße 7
99095 Erfurt, Deutschland
produktsicherheit@kolibri360.de